只想和你过好这一生

武志红　朱建军　李子勋　胡慎之　等口述

韩湘景　主编

北京联合出版公司
Beijing United Publishing Co.,Ltd.

能够体会到孤独是一个人意识到自我存在的重要标志。

爱和被爱的能力，心理学认为是两岁前后在和妈妈的依恋关系中形成的。

真正饱满的爱情，一定能让人体验到自己内在的变化，
这种变化伴随着痛苦，并且是自觉自愿的。

健康的爱情会让人获得温暖、安全、归属感与满足，
虽让人迷恋却不会迷失，爱着却保持人格的完整、个
体的边界，并意识到爱情并非生命的全部。

爱过的新面孔中，总是有旧爱的影子……我们选择爱人时其实
都是在照着理想中的模子选择最接近的那个人。

心理专家写给每一个需要爱的人

有最优秀的心理学专家讲婚姻，下一本这样的书也许等十几年还会再有，但改善婚姻不能等十几年。　　　　——朱建军

生于一个什么样的家庭，遇到什么样的父母，是一个人最大的命运。认识你的家庭，破解你的命运形成之奥秘，掌控你的人生。　　　　——武志红

你想和谁过好这一生？请看《只想和你过好这一生》，答案尽在其中。　　　　——岳晓东

活好了自己，就活好了全家。　　　　——曲伟杰

在高速发展的社会变革中，我们依然可以安心喜悦地享受生活，只要你拥有稳定平和的内在心理能量。学点心理学，让你的生活成为你想要的样子！　　　　——魏敏

只想和你过好这一生，才能过好自己这一生。　　　　——徐震雷

爱情不是一场变相自恋。欣赏不同是共同成长、快乐厮守的开始。　　　　——尹璞

这是一本对婚姻的建设充满着关怀的书，读者透过阅读此书，一定会对自己的婚姻有极大的启发，带来婚姻关系的创造性和正能量。

——吴熙珺

我们都会遭遇成长中的洪流，是回避还是迎难而上？没有标准答案。我们可以做的是，在这个过程中认识自己，了解自己，寻找我们内心的答案。从心出发，开辟一条自我实现的道路。也许，这本书可以帮助您，陪您一起前行。

——柏燕谊

这本书，会告诉你如何做自己的心理治疗师，或者为自己寻找最合适的心理治疗。每个人或多或少都有过创伤，这本书，也会告诉你如何修复创伤，然后更自由自在地生活！

——胡慎之

好多妻子抱怨伴侣不懂爱、不会爱、不给爱，坚定地认为不幸福的婚姻该由对方负全责。其实，几乎不存在不懂爱的人，就看你值不值得被爱，会不会索取爱……读这本书中的故事，你一定会提升爱和被爱的能力。

——史宇

先处理心情，再解决事情！战胜了坏情绪，幸福就会不请自来！这就是这本书的宝贵和精髓所在。

——柏丞刚

序

　　我和《婚姻与家庭》杂志已经相识多年。我给杂志写过一些心理分析，杂志记者也采访过我多次，彼此合作得很愉快。《婚姻与家庭》的宗旨是情感帮助，这与我的工作方向也是比较契合的。

　　这本书是由《婚姻与家庭》杂志《心理会客厅》栏目结集而成的。作为国家级生活期刊首个心理人物专访栏目，《心理会客厅》开栏 3 年来，访谈了朱建军、岳晓东、李子勋、胡佩诚、胡慎之、汪冰等几十位心理专家。他们不仅是我的同行，有些是我尊重的前辈，有些是我的朋友。

　　心理专家其实是这样一群人：他们有专业的知识，有丰富的人生阅历，更拥有智慧和一颗柔软的心。他们告诉我们如何做自己，如何给别人带来幸福。他们帮助我们处理情感困惑，改善亲密关系，建立和谐的家庭。只有家庭和谐，社会才会和谐，这也是媒体的社会责任。

　　我以前在《广州日报》做编辑，是一个媒体人；现在是一位心理咨询师，所以，我很高兴有这么好的一个平台，把看起来高高在上的专家学者与现实中诸多的夫妻、婆媳、亲子问题结合起来，让我们的心理学更接地气，更入人心，更能服务于普罗大众。通过阅读书中这些心理专家所经历的故事，他们所阐述的精辟观点，我们可以受益良多，认识自己、改变自己；再通过改变自己，影响他人，最终达到改善婚姻与家庭关系的目的。

　　借助心理学的理论，我们也可以清晰地看到，中国婚姻和家庭的一些伤人的机制是如何运作的，从而改善它。如同我们回忆童年创伤，不是为了沉溺于过去，而是为了更好地活在当下。

这本书的书名叫作《只想和你过好这一生》。我相信，绝大部分人结婚之初，都是想和伴侣过好这一生的，否则就没必要结婚了。现在早已不是独身就无法好好生存的年代。

那么，为什么很多夫妻过不好这一生，甚至在冲突中怨恨彼此呢？

可能是因为很多人不懂得一个道理：婚姻，找的是伴儿，不是梦。你明明和这样一个人在一起，却非要他变成另一个你想象中的人。甚至，你根本就看不到这个人的真实存在，而是无比幸福或无比痛苦地将你心中的"好东西"与"坏东西"投射到对方身上。你是在与一个幻想中的人相爱。问题是，没有谁愿意被改造，所以，伴侣势必和你做斗争，这就造成了种种的婚恋冲突。

要化解这些冲突，你就必须看清楚自己不切实际的期待，并看到对方的真实存在，学习与对方的真实存在相处。因为，接受了那个真实的人，以自己的真实存在与对方的真实存在相处而生出的爱，才是最踏实、最真切的爱。在这个过程中，你的自我也会得到成长。从某种意义上来说，婚姻就是一次重生的历程。

另外，不要将你人生的答案、你幸与不幸的原因都归结到对方、对方的正确或错误上，而是要归结到另一点——你的内心。做个比喻：好像我们住在一个牢笼中，牢笼的大门非常牢固。我们以为，要走出这个牢笼，必须有一个超级英雄来拯救自己。但我们最终会发现，这个牢笼的大门其实是轻轻一推就可以打开的。并且，别人并不能将你拉出牢笼，因为你有一大堆办法拒绝别人的帮助。钥匙其实就在你的手中。你需要学习的是，在不完美的关系中去寻找爱的证明，用你手中的钥匙，打开困住自己内心的囚笼。

在婚姻中，不要轻易逃走。如果不是对方有很糟糕的问题，如滥交、如暴力，或其他你认为的原则性问题，那么，请给对方以宽容，请给你们的关系以耐心，在这个亲密关系中，修炼你的心。

目录

第一章
如何让亲密关系摆脱
童年依恋关系的影响

所有的孽缘都是一个病人与一个病人的相遇。

/////////////////////////

>>> 武志红 / 李子勋 / 白大卫 / 胡慎之 / 曲伟杰 / 魏敏

1

采访人：**付洋**

采访对象：**武志红**，资深心理咨询师，国内知名心理专栏作家。创办"武志红心理咨询中心"，在国内多个城市有分部。著有《为何家会伤人》《身体知道答案》等书，作品销量超过百万册。

观点：爱情是亲子关系的复制。在爱情中，我们想重温童年的美好，修正童年的错误。

为何爱会伤人

当情人把你看成一个女神，对你痴心付出；当妻子因为照顾你而废寝忘食、置自己于不顾；当母亲把你捧在手心里疼惜，恨不得片刻不离……你是不是会因为他们的爱而感动？可是心理专家武志红却说，这样的爱是会伤人的。武志红提供了几十种能伤人的爱。其中有3种类型尤其要引起大家的关注，分别是：轮回的爱、好人的爱和吞没的爱。

轮回的爱：为什么他们的爱人是同一类型

武志红说，爱情其实是一种轮回。我们童年时与异性父母的关系（即母子、父女关系）决定了我们与爱人的关系。在爱情中，我们想重温童年的美好，修正童年的错误。我们在童年中所经历的幸与不幸都将在爱情中找回来。

爱情的轮回主要有两种表现方式：一种是在两类截然不同的异性中摇摆；一种是不断地寻找同一类异性。

第一种轮回的典型例子是美国前总统克林顿。克林顿的母亲芭芭拉是一位女强人，妻子希拉里跟芭芭拉是同一种类型的女人：能干、果敢、具有强大的内心和控制欲；情人莱温斯基则是个傻女孩。在截然不同的两个女人中摇摆，克林顿其实是想寻找一种理想的爱人。

第二种轮回在现实生活中更为普遍，我们常常会无意识地寻找同一类型的异性做爱人。

武志红的一个朋友，就是这种类型。这位朋友是一个非常有才华的编剧，相貌英俊，事业有成。他与一个女孩爱得死去活来，并且娶了她。

可是，因为妻子的歇斯底里，两人仅仅结婚两个星期就离婚了。起因是结婚第三天，妻子让他换床单，他不肯。一天里，妻子足足唠叨了这个事情300多次！而且妻子的情绪经常失控，大喊大叫，最后两个人打了起来，只好离婚。

后来朋友说，想来想去终于发现自己当初为什么如此迷恋妻子。因为他的母亲就是这样一个歇斯底里的女人。小时候，母亲曾经因为他懒得换鞋，一天唠叨他100多次。

母亲和妻子变态地唠叨，其实都是想用爱来控制他。他既想重温童年时被母亲重视的美好感觉，又想修正童年时被母亲控制的错误。所以他找了一个跟母亲类似的女孩，想改造她。于是亲子关系在爱情里奇迹地轮回了。后来，这个朋友谈了几十次恋爱，找的女朋友多少都有点儿歇斯底里。

其实武志红自己也是如此。他说自己的历任女朋友都是同一种类型：超级需要爱、得到爱之后从不感激、幼稚、任性、不讲理。无论她们的生理年龄多大，心理上都是不成熟的小女孩。而武志红的哥哥找的也是这种小女孩，并且娶她为妻。

这种惊人的相似，让武志红开始回顾自己的童年，并反思自己与母亲的关系。武志红和哥哥都是乖孩子，跟小大人似的听话懂事，从来不给家里添麻烦。

武志红从来没有挨过母亲打骂，甚至，他向母亲要10块钱，母亲会给他15元钱。但是，他和母亲的关系是存在问题的。他们之间缺少亲密感，没有建立良好的情感联结。

母亲虽然经常抱他，甚至在5岁之前，一直搂着他睡觉，但是，武志红没有从她的肢体语言中感受到她的喜爱与愉悦。母亲不爱笑，不善于直接的情感表达。他们拥抱，是因为童年的武志红伸出手，死死地抓着妈妈不放。

正常的亲子关系应该是轻松、自由，甚至是肆无忌惮的。而武志红与母亲之间却是礼貌、客气、压抑的，武志红甚至不敢肆意向母亲索取爱。

因为渴望的爱得不到，所以武志红成年后，变成妈妈那样的人：看上去很会照顾人，外表非常成熟，但内心压抑，情感隔离。

而这种特征，特别吸引小女孩型的女人。

跟小女孩型的女朋友谈恋爱是很累的，武志红要不停地付出，被对方无节制地依赖，失去自己的空间。武志红也曾尝试过改变这种"轮回"。他尝试与一个善解人意的女性朋友谈恋爱。奇怪的是，每次他们单独在一起超过 1 个小时，就会没有任何话题，大眼瞪小眼地枯坐。但如果他们之间插入另一个人，那么话题就可以继续下去，而且插入的这个人最好一直说话，不要停下。

谈恋爱谈恋爱，话都谈不下去怎么恋爱呢？武志红因此发现了爱情轮回的积极意义：在潜意识里，他需要小女孩型的爱人。她的依赖，让他自信、温暖、安全。他在抱怨女友过分依赖时，其实也在享受她的依赖。

在这种关系中，他觉得自己不会被抛弃，因此获得了价值感。武志红感慨地说："其实，我是把童年那个被母亲遗忘、忽视的婴儿，放在女友身上了。"

发现轮回的意义后，你就会正视它，而不是一味地恐惧、内疚、排斥和逃离。武志红把自己投射在女友身上的幻觉放下，"看见"她的真实存在。

在电影《阿凡达》中，有一个经典镜头：女主角摸着男主角的脸，深情地说："I see you（我看见你）！"她"看见"的不是一个异族，而是一个热爱生命、捍卫真理的勇士，跟阿凡达人没有区别。

"看见"女友的内心后，武志红发现，其实女友之所以过分依赖他，表现得像个不讲理的小女孩，是因为她的童年有过很多创伤。因为害怕被抛弃，所以她像将要溺死的人一样，死死地抓着他不放；因为没有安全感，她会做出故意撞车这样不可理喻的事，来一次次挑战他，试探他的容忍底线。

武志红不再埋怨自己的女友，而是努力修炼自己的内心。他让自己的内心更加强大，并且学会拒绝女友的无理要求，在两个人之间划清界限：你可以依赖我，但是我也需要自己的空间。武志红说，最近这半年，他们彼此之间终于做到了互相尊重，感情越来越平衡和健康了。

但是，有些轮回式情感关系，是不应该也不能挽救的。譬如有位来访者，因为爸爸小时候总打她，她长大后找的几个男友，哪怕开始正常，和她在一起后都会打她。最后，她还嫁给一个打她打得最凶的男人，仿佛生活在地狱里。她觉得自己的"命"真是太苦了，几次割腕自杀。

在武志红的帮助下，她终于意识到，原来她并不爱丈夫，只是潜意识里，想找到一个爸爸那样的人，然后去改造他，修正童年的错误。咨询结束后，她勇敢地离婚了，从这个悲惨的轮回中彻底解脱出来。

"好人"的爱：你的奉献也会伤人

以前人们找对象时，常有一种说法：只要他人好就行了。武志红说，好人的爱也会伤人，如果他们的"好"是因为缺乏爱或者爱上幻觉。

童年极度缺爱的女人，普遍想逃离心中的无助感，而逃离的方式就是让自己变得强大，表现得非常强势：我什么时候都行，我什么时候都厉害！一方面，她们展现出了强大的能量；另一方面，她们不能接受别人的无能，对别人缺乏耐心。

最关键的是，无能、弱势的人会唤醒她们内心深藏的无助感。一旦恋爱，她们心中驻扎的那个无助的孩子，就会冒出来伤人。

伤人的时候，她们往往是以"好人"的姿态出现的。她们会表现得非常谦虚，甚至到谦卑的程度。能从渴望爱的小女孩，摇身一变成为超级照顾者，是"好女儿""好妻子""好儿媳"。

她不仅搞定自己的事情、伴侣的事情，还包括伴侣家人的事情、伴侣朋友的事情。她不会直接攻击伴侣，却无时无刻不在给对方营造一种感觉：我是好人，你是坏人；我什么都行，你什么都不行。

最典型的例子是《渴望》里的刘慧芳。她经常把别人的事情当成自己的事，甚至比当事人还操心，经常把自己弄成受害者的样子，仿佛一朵楚楚可怜的小白花。所有人都觉得刘慧芳好，唯有丈夫无法忍受她，感到痛苦和窝囊，经常跟她吵架，最后顶住舆论的压力，跟她离婚。

现实中，武志红曾经遇到过一个女性来访者，就是一个典型的"好人"。她从小被父母忽视，在家里没有地位。为了赢得父母的关爱，她努力做一个"好女儿"，源源不断地付出自己的爱。

结婚前，她给父母买了一套150平方米的大房子，自己却租住在一个只有28平方米的屋子里。

结婚后，她把丈夫和公婆照顾得无微不至，毫无保留地奉献。公婆生病了，她照顾得比丈夫、小姑子更加细心体贴，赢得公婆的交口称赞。

但是她和丈夫的感情极其恶劣，丈夫非但不感激她的付出，反而觉得她给自己很大的压力。后来，即使她成为事业有成的女强人，可是父母依旧忽视她，认为她根本就不需要任何帮助。但她是如此渴望爱，可无论是父母还是丈夫，都习惯了她的付出，不肯给她爱。

超级照顾者式的"好人"，一般会选择超级需要被照顾者作为自己的伴侣，这种搭配在中国非常普遍。她们的伴侣往往懒惰、爱占便宜、心理不成熟，社会地位和自我价值感低、眼界窄，有时候甚至什么也不懂，生活极度乏味和无聊。他们接受照顾和关爱，但是从来不懂得感激。超级照顾者从他们身上得到的往往不是爱，而是无法舍弃的安全感和安定的生活状态。

还有一种"好人"，是爱上自己幻觉的人。这种"好人"对爱人无怨无悔地付出，媲美情痴、情圣，能够赢得外人的一致称赞。但因为他们的爱是虚幻的，所以接受的一方非但不会感到幸福，还会被深深地伤害。

武志红说，徐志摩就是这样的"好人"。徐志摩把林徽因看成一个关于爱、美和智慧的化身，甚至是一个女神。从根本上说，徐志摩爱的不是林徽因，而是自己的幻觉，他并不了解真实的林徽因是个什么样子。

所以尽管徐志摩对林徽因非常好，甚至为林徽因离婚，林徽因还是不肯接受他。

后来，徐志摩又爱上陆小曼，哪怕陆小曼跟别的男人躺在一张床上，他都能够接受，好得像个圣人。可是，陆小曼感受不到徐志摩的爱，因为他爱的并不是真实的自己，而是幻想中的陆小曼。所以她很痛苦，拼命地折腾徐志摩。当徐志摩执意做一个"好人"时，陆小曼只有做一个"恶人"，去撕掉他的伪装。

在爱情的初级阶段，我们总是固执地认为，如果找到幻想中的那个人，那么自己就得救了。如果对方价值感低，会被你的痴心和奉献感动；可如果遇到价值感高的人，譬如林徽因，就会觉得你爱的根本不是我。你都不了解我，还谈什么爱呢？结果不是你伤害别人，就是自己受伤。

所以，在爱情中，不是你付出得越多，就会收获得越多；不是做一个全心奉献的"好人"，就能够得到对方的感激与爱。

武志红建议，童年缺爱的"好人"，要修炼内心，让它从孩子的状态升级为成人，不要再被那个受伤的孩子牵着走；爱上幻觉的"好人"，要努力放下幻觉，学习与真实的伴侣相处。因为只有真实的关系，才是最稳固、长久的。

面对"好人"伴侣，最好的办法是帮助对方正视他的心理问题。"好人"的心理创伤一般比较大，建议进行专业的心理咨询，由心理咨询师帮助他完成内心的成长。

吞没的爱：被母爱吞没的男人不会做丈夫

武志红说，当母亲和儿子的关系过于亲密时，儿子就会被母爱所吞没。这样极度缺乏自由的男人，不懂得怎么做丈夫。他们要么逃离妻子，要么排斥妻子。最典型的例子是"包二奶"男和奶嘴男。

在广东等地，男人"包二奶"的现象不少。人们一般都是从道德层面，批判"包二奶"的男人花心、好色、人品差。但是武志红认为，从心理层面看，"包二奶"是因为这些男人跟母亲的关系过分亲密,童年缺少自由,长大后借"包二奶"来逃离婚姻。

"包二奶"男的原生家庭里,女人地位普遍低,在家庭中受到排斥和忽视,跟丈夫的感情疏离。但是,当母亲生了儿子后,地位就会上升。所有家人都允许她去黏儿子,对于母亲来说,儿子代替丈夫,充当了情感伴侣的角色。

由于被丈夫冷落,母亲会经常对儿子诉苦。儿子一方面觉得自己被妈妈重视的感觉很好;另一方面,又觉得妈妈很沉重。他希望逃离母亲,又本能地对这种想法感到羞愧。于是,当他们成年后,会想方设法地逃离婚姻。他们重视责任,一般不会离婚。对太太非常客气,他们要什么给什么,除了爱与欲望。他们会把欲望释放到"二奶"身上。

武志红接待过一对广东的夫妻,两个人婚后十多年没有做爱过。妻子非常痛苦,想要离婚,丈夫却不同意。

丈夫一直渴望包个"二奶","二奶"不需要有文化,只要性格活泼、身体健康、头脑简单就可以。他甚至跟老婆探讨:"3个人能不能在一个屋檐下生活?"老婆冷冷地答道:"那样的话,谁死就不一定了!"

基于安全的考虑,这个丈夫最后没有"包二奶",但是却一直保留了这个梦想。其实这个丈夫真正想逃离的,是束缚了他整个童年的母亲。他渴望逃离吞没自己的母爱,获得自由。

这种丈夫不是最恐怖的，最恐怖的是，丈夫面对吞没自己的母爱，变得不再抗拒，从心理上认同这种不正常的母子关系。

武志红曾经遇到一个"奶嘴男"，他心理上没有断奶，与母亲的关系异常亲密。已经快50岁的人了，只要母亲到他家，他都会把妻子赶走，跟母亲睡在一张床上。母亲当着他的面换衣服、洗澡，妻子因此跟婆婆水火不容，可是他完全意识不到自己的问题。来咨询时，身体软软地瘫在沙发上，把眼睛一瞪："这都是因为女人麻烦、事多，我和我妈关系亲密怎么了？"

遇到这种毫无自省能力的伴侣，武志红的建议就是分手。因为你很难改变他，自己会非常痛苦，而且这种苦日子是看不到尽头的。

最后，武志红总结说：为什么爱会伤人？因为我们常常看不清爱情的真相，总是与自己幻想出来的人相爱；因为我们无法正视自己的内心，总把幸福寄托在找一个正确的人上；因为我们总是走不出童年，妄想在爱情中重温童年的美好，修正童年的错误。

如果能够看见真实的对方，修炼你的内心，那么，爱情不会再伤人，爱情就是一次重生。

2

采访人：**肖然**

采访对象：**李子勋，**中日友好医院心理医生，首届中德高级心理治疗师培训项目学员。中央电视台《心理访谈》《实话实说》等栏目特邀心理专家。作品有《家庭成就孩子》《婚姻的烦恼》《心灵飞舞》《陪孩子长大》《根源舞》《问问李子勋》《你在为谁而活》等。

观点：真正饱满的爱情，一定能让人体验到自己内在的变化，这种变化伴随着痛苦，并且是自觉自愿的。

饱满的爱情，能让两个人活得酣畅淋漓

爱情是美好的，让所有的人沉醉迷恋；爱情却也是痛苦的，常常让人寝食难安。会有很多问题困扰恋爱中的人，比如：为什么自己爱上的新面孔总有旧爱的影子？为什么曾深爱的人婚后竟变成了另一个人？为什么失恋后会自杀自残，活不下去？爱情的甜蜜似乎总是那么短暂又肤浅，痛苦却深刻而长久。

寻爱途中，你爱的是和"理想的模子"接近的人

我们常常以为：一份爱情美好还是痛苦，在于运气好坏，是否碰上了对的那个人。但事实上，我们会爱上谁，并不是毫无道理的，每个人头脑中都有一个理想中完美爱人的模板。

一些谈过几次恋爱的人，后来总结时发现，爱过的新面孔中，总是有旧爱的影子，他们爱过的人似乎总有一些共同之处。这同样是因为，我们选择爱人时其实都是在照着理想中的模子选择最接近的那个人。

这个完美爱人模板的形成与我们每个人的成长经历有关，是

我们幼年依恋、少年梦想、青春渴望中混杂着的依附、叛逆与激情，慢慢在内心建构的一个理想的模子，我们总是在用这个模板去衡量现实中遇到的人。

26 岁的小芳爱上了 30 岁的阿文，小芳爱阿文的高大、聪明、率真和勤奋，内心像孩子一样的纯真，同时他有事业心，能够专注地做一件事。但是小芳爱上的阿文只是她眼中的阿文，这时，她眼中的阿文符合自己内心中完美爱人的形象。其实，真实的阿文还有更多她不了解的另一面，她爱的只是阿文的一部分。

小芳和阿文结婚 5 年后，他们频繁发生争吵，并没有获得期望中的幸福美满。在小芳眼中，那个婚前深爱的阿文完全变成了另外一个人，不喜欢做家务、很邋遢、对父母不够孝顺……她哭着大声控诉："我今天才知道你是这样一个男人，你骗了我这么多年！"

小芳觉得阿文变了，事实上很多太太婚后也有过类似于小芳的控诉，但是真的是阿文变了吗？阿文的父母、同事、同学和朋友都没有这个感觉，他们觉得阿文一直就是这样。

其实阿文身上的这些"改变"婚前就有，只不过被小芳忽略了，她眼中只有她认为的那些"优点"。可是婚后长时间的相处，让小芳渐渐发现了这些她不爱的"缺点"，并且这些"缺点"和"理想的模子"背离。这些小芳不爱的"缺点"慢慢替代了原来她爱的那些美好的部分，这时他们的婚姻陷入危机，最终以离婚收场。

所以，我们爱上谁并不重要，不可能有一个人与我们理想中的模板一模一样，每一段爱情都会有失望的痛苦。

有一句话说：少男少女的爱像是在爱父母，需要的是关心；年轻人的爱像是爱自己，渴望认同；成年人的爱才是爱别人，有着奉献与宽容。李子勋认为，有许多成年人的爱其实也是在爱自己，他可能生活在一种恋爱的幻觉中。

只有当我们从恋爱的幻觉中走出来，去接纳眼前的那个人，而不是自己心中的模板时，真正的爱才会产生。

当然，爱是一种能力，不是每个人天生就有的。我们要培养自己爱的能力，当事情不那么如意、当爱人让我们失望的时候，还能够爱。

20 年前李子勋读过一篇叫《渡口》的文章。文章讲的是两个相爱的人分别在两个相隔 200 多里的县城教书。眼看假期到了，两个人约好在甲城相见。耐不了苦苦的相思与寂寞，男友提前两天从甲城出发到乙城去，满心希望给乙城的女友一个惊喜。

而女友呢，也许是心心相通，早早结束了教学工作，千求万求让校长多准了两天假，提前两天从乙城出发匆匆赶往甲城，满心希望给甲城的男友一个惊喜。

一路上他和她都在想象着，这多出的两天将会如何快乐地在一起度过……但是阴差阳错，他们在中途的一个渡口擦肩而过。

两个主人公并不知道，他们自己朝着一个注定会失落的前方赶着路。但两个人的精神世界却是丰盈的，因为这一路中，他们的内心都盛满了爱。纵使不能如期见面，却还是能在对方的努力中，看到更多的爱与在乎。

李子勋说这篇文章里有一个很深的哲理。爱情就像是《渡口》里的两个人，他们深爱着对方，都在为对方着想，但却在自己的心路上行进。

两条心路会不会相交，相交后会不会分离，谁也说不清。爱是内心的事，你感觉到爱了，是你内心有爱。你感觉不到爱，是你内心没有爱，或者你内心没有感受爱的能力。

拿得起放不下的爱情，和早年的依恋关系有关

恋爱中总免不了会有一些矛盾，我们争吵痛苦，常常以为是对方的错，其实，很多时候是我们自己的问题。

21岁的珍珍在大学同年级小林的猛烈追求下，接受了小林。两人开始了恋爱关系后，珍珍却发现小林并不是那么喜欢自己。刚过了一个月，因为一点小事珍珍和小林发生了激烈争吵，珍珍当场提出分手，愤然离去。

过了3天，小林都没有跟珍珍联系，这时，珍珍感到失去了小林让她难以忍受，于是她主动去找小林，两个人和好了。

可是，交往时间越长，小林对珍珍越不好，珍珍反复几次鼓起勇气和小林分手，但都坚持不了一个星期又去求小林原谅。她知道维持这段恋爱关系对自己不好，却感到离开小林就活不下去！

明明不爱了却无法割舍，从这个故事中能看到维系珍珍和小林关系的不是情感，而是珍珍心中对小林的依恋、对与小林分离的恐惧。李子勋认为珍珍的表现是一种"依恋饥渴"。

为什么珍珍身上会出现这样的问题呢？李子勋说："爱情容易让人的心理返回到早年与母亲的依附关系中。那个时候，离开母亲的婴儿会觉得很恐惧，会害怕得不断哭泣。"

珍珍与小林的关系类似于早年与父母的关系——生气时会跑开，跑开后，恐惧与孤独占了上风，又赶紧回去跟父母认错，然后循环往复。

每一种情爱模式都受到早年依恋关系的影响。就像候鸟的迁徙或鱼的洄游，童年在哪儿长大，成年后还要回到哪儿去。在投入一段爱情时，我们应该察觉到潜藏在自己内心的情爱模式，回忆你父母的婚姻关系，重新检视你对父母的评价。

这些评价或父母关系残留在心中的印痕，可能会给我们自己的恋爱生活带来影响。有时是好的影响，有时是很糟的，我们在爱情中的感受会受这些印痕的干扰。

好的爱情也有依恋感，但不会妨碍个人自由决策，拿得起，放得下。以依恋为主的爱情有一种被强迫性，好像离开对方就不行，让人感觉甩也甩不掉。这样的被强迫性使人失去选择的能力，类似于吸毒成瘾，明知对自己不好，却管不了那么多。

另外有的人身上会出现戒断反应。就像戒毒一样，几天不见，会出现很多身体和精神上的强烈反应。身体上的表现是食欲下降、睡觉失常、烦躁、疼痛、哭泣等；精神上的反应则表现为孤独空虚甚至抑郁绝望，这些强烈的身心症状逼迫人逃回不良关系中。

再就是分离的时候会有莫名的恐慌。在爱情关系里始终害怕失去、内心慌乱，因此总是无条件地付出、服从和讨好对方，任由对方支配，以为这样就可以保持被爱，结果把关系搞得很糟。关系变糟之后，又不能认识自身的问题，而是对男友产生极大的愤怒与抱怨，出现想离开又害怕分离的纠结和痛苦。

想要拥有成熟的爱情能力，必须具备两种心理能量：一是幼年与母亲形成的深层依恋，这种依恋帮助我们对关系信赖。二是5岁前后体验过的与父母分离的紧张和喜悦，这种分离帮助我们信赖自己。爱情有了这两个心理要素，就不太容易陷入无助感和对他人的依赖。而珍珍因为早年与双亲的关系中未完成依恋过程，所以她的爱情就像是无意识的"饥渴"，寻求一种亲密补偿。

比起珍珍的情况，失恋后自杀和杀人则属于更极端和激烈的处理"依恋饥渴"的方式。

失恋后的疯狂行为最经典的是在莎士比亚代表作中四大悲剧之一的《奥赛罗》。因为听信了仆人伊阿古的谗言，奥赛罗误以为妻子苔丝狄蒙娜爱上了别人，他无法忍受妻子的背叛，盛怒之下杀死了心爱的妻子，最后在妻子身旁自杀。敌人无法击倒的奥赛罗，最后却被失恋的痛苦杀死。

在现实生活中，失恋后减肥、成为购物狂、醉酒、意志消沉等等也是如此，"我为你去死""我死给你看"这样的话比比皆是。

健康的爱情会让人获得温暖、安全、归属感与满足，虽让人迷恋却不会迷失，爱着却保持人格的完整、个体的边界，并意识到爱情并非生命的全部。而失恋后做出疯狂行为的爱却是一个人格粉碎器，引发一种严重的"心理退行"。

心理学上说的退行是一种防御机制，让人不那么焦虑。焦虑使人退回到发展的早期阶段，比如一个男人感受到"中年危机"，害怕变老死去，于是他可能退行到青年时期，变得不负责任、开车兜风、与年轻女性约会，甚至吃儿童食品。

失恋后选择自伤、自虐、自暴自弃似乎是人类行为的常态，用躯体的痛苦置换精神的痛苦，这种行为是生命的自我保护，目的是让自己可以活下来。而像奥赛罗那样将对方杀死，这种行为的意义是"我不能爱你，也不让别人爱你"，或者"你不爱我，也不许你爱别人"。

我们的爱情实际上在早年跟母亲的关系中就呈现了。**爱和被爱的能力，心理学认为是两岁前后在和妈妈的依恋关系中形成的。**

早年的依恋关系对我们的爱情有着巨大的影响，有时就是我们痛苦的来源，如果对这些影响没有正确认识，可能让我们在爱情之路上饱受挫折，甚至对人生造成毁灭性的打击。但如果能正确认识和面对，则会像一次生命的涅槃，毁灭了一个旧的自我，得到一个新的自我，生命将在痛苦中变得更加圆润饱满。

这不是说要把所有恋爱的不愉快归因于童年父母没有照顾好自己，或者父母的种种不是，我们要做的是，正确看待早年的依恋关系以及父母的婚姻，坦然面对过去和过去的自己，并接纳过去。

饱满的爱情离不开痛苦，在爱中破茧而出

也许有人会说，幸福的爱情是充满快乐的，与痛苦无关。李子勋说："幸福是一种肤浅的情感体验，痛苦才是深刻的体验。一个人在爱情中是不是真的成熟了，要看他／她是不是为此真实地痛苦过，而不是看他／她拥有什么。"

判断一份爱情算不算一段好的爱情，有两个方面：长度和深度。在长度上，李子勋个人的看法是至少需要维持五年或者六年以上；在深度上，则是爱到彼此相融，你是我我是你，甚至能体验到的痛苦和依恋，超越对母亲的依恋关系，完全是合二为一的状态。

28 岁的小张按照时下大众的择偶观，是最受女孩子们欢迎的类型，名副其实的高富帅。因为各个方面出色的条件，小张身边

总是围绕着各种女孩，而小张乐此不疲地投入一段又一段爱情，每一段爱情持续的时间都不长，甚至，跟有些女孩的交往只是一夜情。

这些"万花丛中过，片叶不沾衣"的肤浅感情，因为小张并未真诚地投入过努力，经历丧失再获得，虽然看起来拥有"丰富"的感情体验，但其实这些爱情都是不成熟的。

恋爱过程是人的"蜕变"，像一只从粗糙的茧中挣脱出来的彩蝶，蜕去的只是幼稚的情感外衣。真正饱满的爱情，一定能让人体验到自己内在的变化，这种变化伴随着痛苦，并且是自觉自愿的。恋爱中的他／她开始变了，而且这种变化以前是他／她不愿意的，爱让他／她愿意去改变。在改变中，他／她要经历一个自我转变的痛，有一种铭心刻骨的、揪心揪肺的体验。

比方说，男孩以前是个特别爱玩的人，常常深夜回家。恋爱后，他发现心爱的女孩每天 6:00 下班，7:30 回到家中，可是，突然有一天女孩过了 8:00 还没有回到家，男孩开始坐立不安，到了 8:30，他彻底失去了冷静，变得担忧和焦灼，承受痛苦的煎熬。当女孩终于在 9:05 回到家中，并告诉他路上遇上了老同学，一起喝茶聊天，所以回家晚了。男孩放下心来，可是也开始思考，自己晚归女孩会不会担心，于是他以后也尽早回家了。

恋爱中的人总是希望自己是最美的。一个男生为了追到自己心爱的女生，可以改掉睡懒觉的毛病，清早到女生的楼下为她买早餐，可以改变邋遢的习惯，注重外表爱整洁。爱情把我们每个人变得完美，因为爱情让我们意识到自己是不完美的，然后努力改变。

而有些人虽然能体验到深刻的爱，但爱得死去活来，失恋后觉得失去了爱情就失去了一切，只剩下一个空壳。这种爱的深度体验是痛苦的，却超越了爱情的度。就像珍珍和失恋后自杀或有极端行为的人，他们在爱中迷失了自我。

在爱中保持自我，享受爱情的美好，需要告诉自己：

要意识到爱情虽然是生活重要的一部分，但不是全部。维持良好的生活状态与职业状态，可以帮助缓冲分离的痛苦；要学会爱自己，爱自己永远大于爱你的恋人。爱自己的人有良好的自我修复能力，因为他会讨好自己，善待自己，对自己不好的事情不肯重复去做；要相信美丽的爱情不止一次，爱情有时需要更新。如果你是一只自由的鸟，那么你绝不会迷恋鸟笼或情网，只有男友成为茂密的森林，你才愿意栖身。

爱情属于你自己，得到了就永远在你心中，不要因为对方做了什么而破坏自己心中的美感。你爱的不是别人，是自己心中的那个情影。爱人有时候就像一道风景，我们喜欢他是因为在他身边我们充满愉悦和美好，但我们不会期望风景对我们做什么，也不敢奢望把风景据为己有。失恋的时候，把那个人看成是生命的一道风景，虽然远离了自己的视线，但内心的风景依然可以清新可人。

3

采访人：**付洋**

采访对象：**白大卫**，西班牙心灵成长导师，临床心理学硕士，毕业于西班牙圣地亚哥大学和马德里完形心理治疗学校。从事临床心理研究工作，是西班牙心理医生专业协会（COPG）成员，著有《你不是孤单一人》。

观点：我们只有疗愈自己的内在小孩，了解对方的内在小孩，明白他的感受，知道他的伤痛，才能做一个好伴侣。

爱自己是终生浪漫的开始

　　为什么伴侣无意中说的话，会让你莫名暴怒？为什么伴侣正常出差，你却感觉被他抛弃？为什么你控制不住地挑剔伴侣的毛病……

每个人的心里都住着一个小孩

　　每个人的心里都住着一个小孩，那就是内在小孩。

　　内在小孩是由著名心理学大师荣格提出的概念。荣格认为，我们其实有很多聚集着形象、情绪、情感、情结的人格。

　　白大卫解释说，其中有一个典型的人格是"批评家"，当我们感觉内在总有一个声音要控制、批评自己时，那就是"批评家"出现了。

　　和批评家类似，"内在小孩"也是一种人格，他像小孩一样脆弱和柔软，渴望被爱、关心和呵护。当我们有情绪时，经常会发现自己突然变成了一个冲动的孩子，会发脾气、妒忌、没有安全感、脆弱无助……

与此同时，内在小孩也是我们的动力之源，与小孩才具有的美好品质相连，比如创造力、生命力、激情、全身心地投入、信任、真诚、好奇等等。内在小孩其实就是我们常说的"赤子之心"。

白大卫举了一个例子：在美国，有一个全世界最优秀的小提琴家，他的音乐会门票最便宜也要100美元一张，而且场场爆满。一次，一家杂志做了一个小实验：请他在地铁里演奏小提琴。琴声同样宛如天籁，但这次停下来欣赏他演奏的却只有孩子。因为，孩子是最好奇和最敏感的，只有孩子才能不在乎世俗的伪装，真诚地欣赏这个世界上最精微的美好和感动。

如果关爱内在小孩，我们会变得热情、有活力、真诚、容易与人相处，能够吸引并获得伴侣的爱。如果我们忽视了内在小孩的需求，那么当我们受到挫折时，被情绪困扰时，我们的心可能就会被内在小孩接管，做出很多孩子气、不负责任的举动。

如果内在小孩受到伤害，甚至被我们"关"起来，即使我们很爱伴侣，那个孤独的内在小孩也只会让我们冷漠地对待伴侣，和伴侣同床异梦。

我们把内在小孩关在了过去

白大卫说，接近内在小孩，就是接近我们的内心，接近自己脆弱的那一面。与伴侣相处，不能怕自己变得脆弱。因为只有这样，两颗温柔的心才会在此刻相遇，渐渐融化。

但是，当在童年时受到伤害，为了保护自己，我们便会将内在小孩关在过去的牢笼里。那个脆弱的孩子一直在孤独绝望地哭泣，他在用力拍打着牢门。

小伟（化名）有一个严厉的父亲。小时候，他的学习成绩很差。每次考不好，父亲就会严厉地管教他，不许他出去玩，监督他写作业。渐渐地，小伟从父亲身上学习到：爱就是控制。

长大后，他遇到了一个掌控欲很强的女孩，觉得特别亲切和熟悉。于是，他和这个女孩结婚，变成了一个妻管严。他认为，如果我不被妻子掌控的话，她就不会爱我。可是，当他让妻子掌控自己时，又在关系中失去了自我。

结果，他和妻子都不快乐：妻子觉得丈夫很窝囊；小伟觉得妻子不认可他的价值，就连周围的人也不尊重他。

白大卫说："西班牙有一句谚语，熟悉的坏事，也比未知的好事要强！举个例子，一个美国小伙在美国时，对麦当劳没什么兴趣。但是到了中国后，见到麦当劳饮食就会情不自禁地走进去。因为这种熟悉的感觉，就好像回家一样。"所以，只有我们了解自己的内在小孩，摆脱过去的桎梏，才可能会跳出这个熟悉的怪圈。

白大卫也曾经把内在小孩关在了过去。6岁时，他的父母离婚，妈妈离开了家，搬到其他地方住。年幼的白大卫对此感到震惊和恐惧，痛苦得浑身麻木，他只有一个感觉——我被妈妈抛弃了。从那以后，他把那个脆弱悲伤、渴望妈妈疼爱的自己冻结在了6岁。

父母离婚后，白大卫进入只有男生的天主教学校就读。为了把心中那个脆弱的内在小孩藏起来，他压抑着内在小孩的需求和渴望，让自己变得坚强、独立。

他用完美主义来应对童年创伤，以此掌控自己的人生，摆脱被抛弃的命运。他不允许自己犯一点儿错误，只要写错一个字，整页作业都会重写；他不允许自己懒惰，甚至不允许自己有身体上的原始冲动，因为他会觉得肮脏；他只用头脑生活，不去倾听内心的感受……

然而，无论如何拼命压抑，他的内在小孩都是那么孤独，一声声地呼唤着妈妈。进入青春期后，他的心中总有一种强烈的焦虑感和孤独感。即使身边有很多朋友，他依然感觉到孤独，甚至还有一种报复母亲的冲动。和女孩交往，也总是以分手告终。他的肩膀常处于紧张状态，好像穿上了一套厚重的肌肉盔甲。

这份孤独和悲伤，白大卫独自背负了很多年。从15岁开始，他就学习心理学，参加各种心灵成长课程和工作坊。直到他遇到了自己的心灵导师，才开始把内在小孩释放出来。

他在一个安全的环境里，让自己回到了6岁的状态，体会当时自己的情绪，和内在小孩对话。

经过多年的疗愈和探索，他的内心终于变得开放、平和，与父母的关系也变得更好。他变得热情、好奇、有创造力，用一颗赤子之心，体味着这个世界上最精微的美好和感动。

现在，白大卫拥有一个幸福的婚姻，夫妻俩关系亲密，经常分享彼此的内心世界。可以想象，假如他没有疗愈内在小孩，心中满是悲伤和绝望，用完美主义来武装自己……那么，即使结婚，妻子也很难走入他的内心世界，婚姻也不会有真正的幸福。

被抛弃、欺辱、忽视的童年创伤

在童年时，父母、老师、祖父母、叔伯、兄弟姐妹、同伴、邻居、继父母等人，如果对孩子有抛弃、侮辱、忽视、实施暴力、过度期待、控制等行为……这些负面事件的强烈刺激，就有可能会导致童年创伤。

白大卫在中国开了很多次工作坊，每次上课，都会请学员答一份问卷。在收集了2100多份问卷后，他发现大部分有童年创伤的人，都选择把内在小孩关在了过去。

而事实上，内在小孩是不可能被永远关住的。当我们遇到与童年创伤类似的情境或经历时，那些压抑的情绪和冲动就会被激活，内在小孩会跑出来，接管我们的心。

当父母离婚、被送养、住寄宿幼儿园时，有些人可能会受到被抛弃的创伤。

娜娜（化名）因为父母工作繁忙，从小被送到爷爷奶奶家生活。幼年时的她，感觉被父母抛弃了。8岁时，她被父母接到身边，这次她又感觉被爷爷奶奶抛弃了。

她的内在小孩非常矛盾：一方面，特别渴望爱，对伴侣有很多期待，内心有一个很大的黑洞需要填补；另一方面，又非常恐惧亲密关系，没有安全感，不信任人，因为她从两次"被抛弃"的经历中学到的是：亲密关系会毁了你，你早晚都会被抛弃的！

娜娜的丈夫非常爱她，给了她很多呵护。有一次，丈夫出差三四个月，娜娜心中"被抛弃"的情结突然激活了。她的心理退回到被父母"抛弃"的内在小孩状态，孩子气地指责对方："你不爱我，你不关心我，你心里没有我……"

听见这些指责，丈夫觉得特别委屈——我对你付出了这么多，你不仅不感动，还说我不爱你！夫妻俩的心，离得越来越远。渐渐地，丈夫真的不再像以前那么关心她了。而被抛弃的内在小孩对娜娜说："你看到了吧，他真的不爱你！"

当有一天，娜娜又孩子气地指责丈夫时，忍无可忍的他突然平静地说："是，你说得对，我不爱你了。"娜娜哭着说："我从一开始就知道，你不爱我！"

听见这句话，丈夫突然觉得心如死灰，原来自己这么多年的付出，在妻子心中没有任何意义，于是提出了离婚。

通过内在小孩，白大卫协助探索了他们夫妻间的问题，疗愈了娜娜的童年创伤。

"和内在小孩相处，就是和自己过去的情绪相处；和内在小孩交流，就是向过去的误会诉说；拥抱内在小孩，就是拥抱自己的情绪……"

白大卫引导娜娜去察觉自己的内在小孩，学习和内在小孩相处和对话。通过放松和冥想，娜娜走进了悲伤之谷，找到了被自己关在过去的内在小孩。能够找到内在小孩，察觉自己的童年创伤，这是疗愈很重要的一步。

娜娜温柔地"抱着"内在小孩，对她说："欢迎你，我亲爱的孩子。你中有我，我中有你，我们本是一体。你的存在让我很快乐……你值得拥有快乐，你值得拥有爱，你的需要我都理解……我不想抛弃你，我想和你在一起……"

通过一遍遍地想象与练习，娜娜倾听内在小孩的声音，甚至可以和她快乐地一起玩耍。当内在小孩被这么温柔对待时，娜娜的内心越来越平和，有了安全感和力量。

渐渐地，她开始关注内心的感受，倾听身体的声音，越来越爱自己。而和丈夫相处时，也不再孩子气地指责对方，能够肯定他的价值，给予积极的回馈。渐渐地，夫妻俩的感情变得非常亲密，成为一对恩爱夫妻。

海澜（化名）曾经有过童年被同伴欺辱的创伤。结婚后，有一次，装修师傅没有把地板铺好，丈夫很生气。看见表现出进攻性的丈夫，海澜被欺辱的创伤突然被激发了，她特别害怕，把自己关在卧室里不肯出来。她的反应，让丈夫也感到很受伤，不知道为什么妻子会吓成这样。

白大卫说，当一个小孩被欺负时，他没有太多选择；但是一个成年人，拥有自卫能力，他的选择很多，力量强大。

所以，他引导海澜不要否定自己的感受，而是用成年的自己与内在小孩对话："我看到你很害怕，我会和你在一起。现在，事情不一样了，因为我可以保护你了，你是安全的……"

可以问问内在小孩："你能感受到，我和你在一起了吗？"或许内在小孩会说："没有呀，我没有感受到！"

这时，可以把一只手放在自己有感受的地方，然后再对内在小孩说："现在，你能够感觉到我了吗？我就在这里，陪伴你，保护你。如果无法抗争的话，我们可以一起逃开。你的丈夫是爱你的，他不会伤害你。有时候，他只是脾气不太好……"

和内在小孩建立连接后，这种对话既让内在小孩感觉到被理解和接纳，又相当于重新编写程序，把更加积极的信念注入到无意识中，这就是疗愈，行为反应会渐渐弱化。

董宇（化名）因为在童年时受到父母的忽视，和父母之间形成了回避型的依恋关系。

他总是性格坚强，表现得不需要任何人的关心和帮助。

他的妻子对白大卫抱怨说："我的丈夫情感很冷漠，他根本不需要我！"白大卫对她说："这只是他的一种心理防御，事实上他很在意你，恐惧失去你。他只是害怕自己会失望！"

在工作坊中，白大卫带领董宇做了大量与人互动的练习，让他在关系中感觉到安全，不再封闭自己。

同时，白大卫告诉董宇的妻子："每个男人的心里都有一个洞穴，那是他用来保护自己、隐藏脆弱、缓解压力的心理空间。尊重他的洞穴，不表现出攻击性，就是对他最好的支持。你要用行为而不是语言让他知道：当他从洞穴中出来时，你就在这里；如果他回到洞穴，你尊重他。你等他，不着急。当他准备好，有需要时就可以出来。这样的爱，会融化他的！有时候，他还会把你拽到他的洞穴里！"

经过一段时间的疗愈，董宇终于向妻子敞开了心扉，让她进入自己的内心。夫妻俩更加理解彼此，婚姻也更加健康和积极。

白大卫说，我们和内在小孩沟通有很多种方式，选择让你感觉最舒服的那一种就好。

有些人觉得，"看见"内在小孩，把内在小孩视觉化感觉好，比如冥想之前，看看自己童年时的照片，去想象内在小孩的模样；有些人觉得，把抱枕头当成内在小孩，拥抱他，那种温暖呵护的感觉对自己更有帮助；有些人把手放在身体上，就已经觉得足够；有些人会用非惯用的手给内在小孩写信，这种笨拙的字体，就好像是把自己与童年的那个小孩联结在一起；有些人，会写内在小孩日记……

放下抱怨，为自己的生命负责

有些童年创伤的确与父母有关，但就算父母犯了错，我们也不要把童年创伤全都归咎于父母。这是因为，一些负面经历之所以成为创伤，不仅和事件本身有关，也和孩子的先天气质、对事件的解读和应对方式有关。

在先天气质方面，每个小孩都是不同的。比如，有的孩子特别敏感，被父母批评了一次，就会把这种情绪无限放大，最后形成创伤；有的孩子天生粗心大意，被父母打了都不当回事。虽然打骂的性质比批评更严重，但是他的心理却没有创伤。在解读方面，比如，爸爸妈妈不来参加家长会，如果孩子把这件事解读为"爸爸妈妈太忙了，所以没有来"，那么这件事就会自然地过去；而如果解读为"爸爸妈妈不在乎我"，那么，它也许就会成为一个创伤事件。在应对方式方面，同样面对同伴的欺辱，选择默默忍受的孩子，肯定要比选择逃跑的孩子，受到的伤害大得多。

而就算有童年创伤，也不意味着我们就一定不会获得幸福和成功。在《伟人的摇篮》一书中，作者研究了700多位名人的童年生活，其中包括爱因斯坦、丘吉尔、甘地等等。这些名人中，有525位童年都过得非常艰难，包括家庭破碎、受过体罚，甚至是性侵犯。

所以，重要的不是童年发生了什么，而是我们怎么去处理，怀抱什么态度。

面对不幸的童年，人们往往有两种态度：一种是埋怨别人，把童年创伤作为拒绝成长的借口——都是你的错，是你让我变成这样的；一种是把童年创伤作为个人成长的养料——这些都是我经历的事情，它们都很宝贵，能够帮助我实现个人成长。

而白大卫一直努力做的事，就是引导大家积极地面对过去，疗愈内在小孩，看到内在小孩背后的光明、爱与力量。

"打仗的时候，人们会躲在防空洞里，躲避炸弹袭击。但是战争已经结束了，我们还躲在防空洞里，那就会让我们失去更多。"白大卫认为，我们把内在小孩关在过去，曾经起到保护自己的作用。然而当我们长大后，就完全可以走出心理的牢狱。

"西班牙有一句谚语：永远不要把鲜花献给猪。当我们内心沉重的时候，我们的感觉会迟钝、封闭，是无法欣赏生命的美好的，也无法和伴侣亲密的。"

所以，我们需要疗愈内在小孩，不再背负沉重和悲伤前行，面对真实的自己，向伴侣敞开心扉，分享彼此的内心世界。

4

采访人：**田祥玉**

采访对象：**胡慎之**。广州向日葵心理咨询中心创办人。关系心理学家，微表情专家。中央电视台《心理访谈》、湖南卫视《变形记》等多家媒体特约专家。著有《变形记——十天变成一个好孩子》《别对我说谎——微表情读心术》《童心密码》等书。

观点：是否能做好父母，取决于我们自己和父母的关系。

父母与你如何相处，你与孩子便如何相处

亲子关系必修课：扫除上一代亲子关系的阴霾

身为亲子关系心理专家的胡慎之，几年前还纠结于自己和父亲的关系。这么多年来，他甚至还时常沉溺在"我怎么会有这样的父亲"的纠结里无法释怀。

"我们家是书香门第，我是老大，弟弟是早产儿，12岁之前体弱多病。所以，父亲对弟弟的要求是'活着就行'，为了全心照顾弟弟，我被送到奶奶那里。父母一方面不照顾陪伴我，另一方面却对我期待值极高，他们希望我光宗耀祖。所以我小时候就养成了'宁为鸡头不做凤尾'的个性，这很不好。"

3年前，胡慎之还常常因为吃饭这样的小事而情绪失控。比如，公司订餐，送餐的来晚了5分钟，他就会气愤不已，先是训斥迟到的送餐员，然后再不分青红皂白斥责一通负责订餐的职员。

每天要处理的事很多，胡慎之都特别会控制自己的情绪。但为何吃饭这件事会让他如此愤怒？他说："因为某些重要的心理原因，男人是受不了饿的。"

胡慎之之所以无法挨饿，其实是源于儿时父亲对他的严苛，源于他和父亲难以亲近的关系模式。

小时候的胡慎之很调皮，所以他一旦犯错，父亲就让他跪在小板凳上，然后面壁思过 3 小时。

要命的是，被罚常常都是放学后该吃晚饭的时候。家人坐在桌旁吃着香喷喷的饭菜，胡慎之却饿着肚子下跪、面壁。妈妈和奶奶向父亲求情，让胡慎之先吃完饭再面壁，父亲坚决不答应。

"那时正是我长身体的时候，挨饿的滋味真是刻骨铭心。我永远还记得那种滋味，我当时对父亲恨之入骨。但慑于他的威严和强大，我从来不敢反抗，是能躲就躲。"胡慎之说，他压抑着自己的愤怒，按照父亲的期望，一直做着乖乖仔。

大学毕业后，胡慎之被分配到防疫站工作。一次，他去一家饭店检查卫生时，饭店老板给他们安排了午餐，但却忘记通知厨房。等胡慎之和同事做完检查准备就餐时，饭店的服务员却说，没有他们的午餐。

胡慎之突然大发雷霆，他叫来饭店经理和老板，把他们挨个儿狠狠训斥了一番。尽管，对方说已经在准备他们的午餐，但胡慎之依然无法控制自己的愤怒。

因为这次"挨饿事件"，年轻气盛的他有很长一段时间，都不停找这家饭店的碴儿。

从那以后，他更是一到饭点必须马上吃上饭，否则就会大发雷霆，把身边的人吓得不敢出声。所有人，包括胡慎之自己，都不明白为何他在吃饭这件事上，如此敏感和不可理喻。

直到 3 年前，胡慎之在成都机场正准备上飞机时，突然接到了父亲的电话。

父亲依然是那个父亲，即使儿子已经功成名就，但他依然觉得不够光宗耀祖，所以依旧对他很有要求。

胡慎之突然对父亲说："爸，我有你这个父亲，是我的命；你有我这个儿子，也是你的命……"

这句没头没脑但却脱口而出的话，产生了不可思议的神奇效果，胡慎之突然感到如释重负，突然觉得他向原本疏离的父亲走近了一大步。

他终于接受了有这样一个父亲的事实。"以前，我一直想，我不该有这样的父亲，我应该有更好的父亲。"胡慎之说，那一刻他明白：这个老头子是自己父亲的事实不可能更改，如果自己不想一直和他这么对峙下去，那么就不能再抱怨而是要接受。

胡慎之说，明白这个道理时，他已经做了父亲，他能感受到自己的命运并非全由父亲造成，因为他可以为自己负责。他也因此明白了，自己为何经常因为吃饭而情绪失控的缘由：是把对父亲让自己挨饿、对自己严苛过度的愤怒，转嫁到其他人身上去了。

胡慎之坦白，在和父亲关系改善之前，他一直想用叛逆来"报复"父亲，比如他放弃了父亲认为不错的专业而选择了心理学专业。所幸，后来专注于亲子关系研究的他，最终主动迈出了亲近父亲的一大步。

很多向胡慎之咨询亲子关系问题的父母，都有着和他极其相似的经历：比如有一个严苛"无情"的父亲，用自己以为好的方式去教养孩子，却不知道孩子真正想"吃"的是什么。

还有的母亲一味地宠溺孩子，把明明是一个瓜的孩子当作梨来养，"瓜"显然无法成为"梨"，但母亲却会对孩子大发雷霆，把亲子关系搞得一团糟，还不觉得自己有任何责任。

还有的父母，自己和伴侣的关系异常紧张，却妄图要在自己和孩子间建立亲密无间的关系……

当我们曾经有过这样的父母，当我们和父辈之间有很多亲子关系的问题时，显然，我们是很难处理好当下自己和子女的亲子关系的。

小萝莉、妈宝男：袋鼠妈妈为何噩梦连连

胡慎之说："所有的父母都想成为子女心目中最好的父母，而他们的孩子最好能出人头地。为此，他们做梦都希望自己变得和那些'庸常'的父母不一样。"

这些人想要超越和区别的对象，常常是他们自己的父母。他们小时候，父母或重男轻女、脾气暴躁，或忙于工作而不陪伴孩子。于是他们在很小时就发誓："哪天我做了父亲（母亲），一定要和我的父母不一样。"

如果不是自己后来从事心理学研究，那么当他也做了父亲后，胡慎之十有八九可能也会像当年的父亲一样，用"挨饿"来惩罚孩子。尽管，他是那么痛恨拿挨饿来惩罚孩子的父亲。

"我们总想变得和自己的父母不一样。当然，很多人也真的能做到和自己的父母不一样，但'不一样'就是好的吗？"胡慎之常常这样问那些不想重蹈自己父母覆辙的年轻父母。

现在很多父母尤其是母亲，对孩子的疼爱过火了。"不许别人碰"是这类妈妈最大的特点，她们中有些人，甚至不让自己的父母碰孩子。孩子哪怕离开自己一小时，妈妈都不放心。

母亲过度保护下成长起来的孩子，当然十分依恋母亲。这时，问题来了，一方面，她想做一个"完美妈妈"（多半是她儿时对妈妈的完美想象），不准任何人碰孩子；另一方面，孩子一天到晚黏着自己，妈妈又觉得很无力。

特别无力时，她会求助于丈夫、父母和公婆，一旦家人没有如她所愿给出教养孩子的合理方式，她就会转嫁焦灼、愤怒、压抑，亲子关系的矛盾扩大到家庭成员间的矛盾。到最后，这个妈妈会满世界找专家，期待能从那里得到正确教养孩子的方法。

"很多心理问题都能找到解决工具，但唯有亲子关系出现问题，很难借助工具解决。"胡慎之说，大部分求助于心理专家的母亲，倒是很愿意倾诉、沟通，但问题是，她们愿意倾诉的，全都是孩子的问题以及对孩子的抱怨和担忧。

她们看不到自己的问题，或者承认自己有问题却不愿意说出来。这样的求助，无论对方是心理专家还是朋友，都会陷入困惑和无奈。专家也没法告诉她该怎么去处理亲子关系的问题。

现在有很多长不大的"小萝莉"，让人觉得她们可爱、单纯，但胡慎之却恰恰觉得反映了一种很糟糕的亲子关系。

差不多所有"小萝莉"都是"大叔控"，她们喜欢比自己年长得多的男人，而大叔们刚好喜欢长不大的小女孩。

于是，妈妈们的"小萝莉"被"怪叔叔"拐走了，她们更加愤怒，也更加无力。殊不知，这都是妈妈过于照顾和保护孩子而造成的。

当"小萝莉"真的长大，就很可能弃"大叔"而去或被"大叔"抛弃。于是，妈妈们新的烦恼又来了：长大的女儿不再和自己亲密，她们还变得敏感而叛逆。

如果是儿子，有些妈妈会这样想："我要把儿子拉到我这边，万一老公对我不好，我还可以拿儿子治他。"于是，天天黏在妈妈身边，长不大的"妈宝男"出现了。

胡慎之说，他曾看到一则新闻：一个 19 岁的男孩，竟然还在和妈妈睡！医生检查后发现，这个高大英俊的男孩，竟然没有正常的性冲动和性能力！"他把自己阉割了，这指的是心理阉割。这个男孩永远无法正常地恋爱、结婚，他只会爱自己的母亲。"

胡慎之说，"小萝莉""妈宝男"在有些人眼里就是"不男不女"，而这和他们与母亲的关系过度紧密不无关系。而母子、母女关系过于紧密，说明他们与父亲关系的异常疏远。

胡慎之说，现代社会里，几乎有80%的孩子缺乏父爱，于是，家成了妻子和孩子一起困守的地方。妈妈将所有能量转移到子女身上，过度保护和要求，她们害怕孩子长大，害怕他们像丈夫一样疏远离开自己，不知不觉就培养出长不大的"小萝莉"和"妈宝男"。

因为父母过于严苛，孩子就会小心翼翼，刻意和他们保持距离，当他们一旦长大了，这种冷漠和隔阂就会更甚。胡慎之说他自己的经历，就是最好的证明。

反之，母亲过于保护、疼爱的孩子，恨不得像袋鼠妈妈一样把孩子装在自己"爱的口袋"里的孩子，看起来与妈妈的关系亲密无间，因为他们被母亲照顾得无微不至。但实际上，他们悲观、压抑、敏感、讨好和多疑，他们的心和母亲其实相隔甚远，根本就构不成和谐平等的亲子关系。

真正和谐平等的亲子关系是怎样的呢？为了更好地处理两代人的亲子关系，我们是否还要回头重温自己和上一代的关系，然后才能让亲子关系变得真正亲近？

接受、尊重和陪伴：亲近没有那么难

胡慎之说，一个单亲妈妈向她求助。她生下儿子后，就没再上班，将全副身心扑在孩子身上，无微不至地陪伴和爱护。后来丈夫车祸离世，她也没有再婚，找的工作都是在家里兼职的，以便更好地陪伴、照顾儿子。

儿子从小就很乖，跟谁都说他有个世上最好的妈妈。这个妈妈也一度觉得自己的付出很值得，她终于成为了自己儿时期望的"完美母亲"了。

她说，当初自己出生后一个月，父母就因为工作太忙把她送到了乡下姥姥家，直到上初中才被他们接回到城里。

"父母一点都不爱我，他们陪伴照顾我的时间少得可怜。所以我长大后跟他们一点都不亲，他们心里难过，我何尝不是？我从小就发誓，等我做了母亲后，一定要给予孩子满满的爱……"这位妈妈说到这里泣不成声，因为儿子一到青春期，突然变得很叛逆，连看她一眼都觉得费劲！

胡慎之听完这个妈妈的叙述后百感交集，也有一丝丝欣慰。因为，当亲子关系出现问题后，没有几个父母愿意袒露自己的"秘密"，比如儿时的生活经历。

对心理专家来说，每个纠结于无法更好地和孩子相处的父母，他们都或多或少和自己的父母有类似的问题，一直存在着并横亘在心里没有得到解决。

但可悲的是，没有几个做了父母的人，愿意说出自己有着怎样的父母。他们觉得现在和子女的关系不紧密，和自己的过往没一点关系。

这是不对的。胡慎之建议这位妈妈，先回头梳理自己和父母的关系，理解当时他们和自己的不亲近是迫不得已，从而将他们留给自己的阴影驱散，然后再好好地看待并处理自己和儿子的问题，亲子关系可能就会变得简单得多。

很多人抱怨父母，说他们对自己的抚养和教养不够好。但胡慎之却说，不能一味否定老一辈和他们的亲子关系模式。

"我特别羡慕父辈的婚姻模式，那种只有两个人共同努力才能把孩子养活的关系模式。现在呢，似乎单亲父亲或未婚妈妈，只要能挣钱，一个人也能把孩子养得很好。"但这种"很好"背后的心酸和无奈，恐怕只有当事人知道了。

"现代家庭里亲子关系很紧张的另一个表现是：两代人之间的关系是'鸵鸟式'的，冷冷地过日子，彼此之间很疏淡。"

他们的情感需要，似乎并不需要从伴侣、孩子那里获得。我们有时间玩微博、微信，放假在家，丈夫打游戏，太太看韩剧，孩子玩 iPad，没有最基本的陪伴，更别谈沟通交流。亲子关系如何形成？两代人如何亲近？"

胡慎之很怀念自己小时候，一家人围着电视看《渴望》的情景，一起等候、争论、欢笑和感动。"但是现在很多人，在拒绝或不知道怎么去和伴侣、孩子沟通。我们的陪伴愿望都很强，但回避的愿望却更强。"

这些现象让胡慎之感到担忧、寒心也无力。所幸，已经和父亲重建亲密关系的他，更明白和孩子建立亲密关系的重要性。

儿子刚上小学，胡慎之坦言自己对儿子的陪伴太少。孩子住校，他又很忙，成天飞来飞去的。可是一旦不是特别重要的事情，他就会想方设法推掉，然后去陪伴孩子。

他希望自己的这些做法，能给一些父母以启示，那就是不要老以"我很忙""我这还不是为了你"做借口，错失了很多原本可以和子女很亲近的机会。

"请时刻觉察自己。当你对孩子心怀不满的时候，先审视一下自己的内心，不要让孩子成为满足自己或推卸责任的工具，要勇于承认自己内心的无力，懂得把自己和孩子分开。"

同样的一碗饭，宝宝自己扒拉进去和被人一口口喂下去是不同的；同样一个放在抽屉里的玩具，妈妈拿给宝宝，或者宝宝自己寻找到，宝宝的体会是决然不同的。

每个性格鲜明的孩子，其实都是父母的一面镜子。比如爱搞破坏的"坏"小孩，一定有着喜欢惩罚、施虐的父母；容易情绪失控的孩子，父母可能比较懦弱无能。

真正和谐的亲子关系配对应该是：爱并宽容的父母——充满爱和正能量的小孩。说到底，孩子内心的爱，来自父母，父母彼此相爱，孩子才能感受爱和懂得爱。

所以说，要真正让亲子关系变得和谐美好，除了要处理好我们和父辈的关系外，还要处理好自己和伴侣的关系。基于夫妻关系的和谐、亲密对亲子关系的影响，愿大家都能理解并知道如何去做。

怎样的亲子关系才是健康和谐的？如何让亲近变得简单和有效？在采访最后，胡慎之认为："身为子女，请接受并宽容那样的父母；作为父母，请尊重和陪伴这样的孩子。当我们梳理并接受了自己和父辈并不完美的亲子关系后，我们和子女的亲子关系，也许就会渐渐趋于完美！"

5

采访人：**付洋**

采访对象：**曲伟杰**，我国著名催眠师。国际催眠师协会副理事长，国际中华应用心理学会理事，中国森田疗法专业委员会副理事长，中国内观疗法专业委员会副理事长。1991年，创办我国首家心理学校——曲伟杰心理学校。

观点：当情感之桥断裂时，催眠可以帮助断桥连接；当生活在幸福中而不自知时，催眠可以帮我们打开潜意识，更加珍惜当下的幸福。

比"徐峥"更专业的催眠大师

催眠大师和《催眠大师》

由徐峥、莫文蔚主演的电影《催眠大师》在全国热映后，很多人都问曲伟杰："曲老师，徐峥每次做催眠都要酷酷地打个响指，你为什么从来不打呢？"曲伟杰兴致勃勃地问："你会打响指吗？快来教教我！"也有人问："曲老师，徐峥用怀表催眠，你的怀表是什么牌子的？"曲伟杰哈哈大笑："我从来就没买过怀表！"

曲伟杰解释说，在电影《催眠大师》里，徐峥打响指是为了耍帅。如果真要做催眠治疗，心理咨询师是绝对不能打响指的，因为这个动作太常见了。在催眠过程中，有一个重要的原则是，催眠导入和唤醒的方式，一定是生活中不会发生的。否则，一个人随时能被催眠，又随时能被唤醒，那就太危险了。

用怀表催眠，也是电视里催眠的经典桥段。曲伟杰说，催眠有很多种：咨询催眠、舞台催眠、医疗催眠、司法催眠等等。用怀表催眠的方式属于舞台催眠，是为了彰显舞台的表演效果。在咨询催眠中，基本不会采取这种方式。

心理咨询师在说话时就能导入催眠，不用道具。比如，曲伟杰曾经帮过一个失恋女孩做催眠。她在做沙盘治疗时，选择用美人鱼代表自己。为了缓解她的痛苦，找到她记忆中的"伤心事件"，曲伟杰为她做了一次具有美感的催眠。

　　他语调轻缓地说："你是一条美人鱼。在蜕变为人的过程中，你极为痛苦。可是，当你为了王子，在大海中化为泡沫时，你体验了一种牺牲的美……由于你的牺牲与奉献，上帝没有亏待你，渐渐地，泡沫慢慢升空，变成了一个长着翅膀的美丽精灵。你把无数美梦，都装在了海面的泡泡里……当晶莹剔透的翅膀轻轻扇动时，七彩的泡泡缓缓打开了……"

　　"泡泡"打开后，里面缩着一个浑身是伤的小女孩——原来，女孩在两岁时遭受过家暴。这些伤痛只在潜意识里留下痕迹，她自己早就忘记了。催眠，能够深入潜意识，像聚光灯一样照亮人们的生命历史。

　　就像电影《催眠大师》所展现的那样，催眠确实具有一种神奇的力量。比如，在电影中，莫文蔚被老师下了一个守密印记，只要徐峥问到她关于身世的问题，哪怕她在催眠的状态里，也会立刻醒来。曲伟杰说，这种技术叫作催眠后暗示，是可以操作的。有一次做讲座时，他曾经演示过这种技术。在催眠快结束时，下了一个指令："当我把这支红色油笔'嘎哒'按一下时，你就起身去喝一口水。"听众被唤醒后，曲伟杰按一下红色油笔，他就去喝口水，而且他不知道自己为什么会莫名其妙地喝水。

正因为催眠具有调节心神的力量，所以，既不能随便找个人给自己做催眠；也不能自己懂点儿知识，就给别人做催眠。曲伟杰每次做完催眠演示，都会叮嘱听众："想做催眠，要经过心理咨询师的培训，经过催眠技术的培训，还要经过催眠师伦理道德的考察……通过一系列认证之后，才是合法的。如果没有经过培训和认证去做催眠，如同你无照驾驶，万一出了事故，是要负全责的！"

哪怕是心理咨询师，也不能随意做催眠。在电影《催眠大师》里，徐峥是个非常自负的催眠大师，对莫文蔚说："你最好自己说，否则，我也有办法让你说！""我绝对不允许我的来访者，来的时候和走的时候一样！不行我就采取极端手段！"曲伟杰看完电影，马上对徒弟们叮嘱说："这不就是精神强盗吗？你们可绝对不能这样说，这样做！"

事实上，心理咨询师必须受到来访者的"邀请"，建立咨访关系，根据一起达成的咨询目标，才能够实施催眠。一定要目的明确，对象适当，关系合法，帮助来访者解决他自己想解决的问题。

也就是说，催眠师不能硬来，哪怕初衷是为了对方好。所以，在电影里，无论是徐峥强行对莫文蔚做催眠，还是莫文蔚悄悄对徐峥做反催眠，都不符合催眠的职业要求，是违背催眠伦理的。

曲伟杰说，心理咨询中的催眠，看起来不像电影中那么神奇，因为它是治疗，而不是表演。催眠不是睡觉，当睡眠发生时，催眠已经结束了。催眠是用心理学技术，导入的超水平专注工作，是超水平专注状态下的心身沟通。同时，催眠又是一种超现实技术，因为催眠后，你能够找到被封存的记忆，找到问题的根源；身体也能够软成绸缎，或硬如钢铁。

催眠，让爱恢复平衡

在婚姻咨询中，曲伟杰常常使用催眠技术。

有一次，曲伟杰接待了一对刚离婚不久的夫妻。丈夫想复婚，但是妻子死活不同意。经过无数次痛苦的挣扎，最后他们找曲伟杰求助。

这对夫妻是青梅竹马，曾经相爱了 12 年。妻子长相甜美，是个硕士，家境也不错，但一直不被婆婆喜欢。因为丈夫的坚持，两个人冲破阻力结婚了。但婚后，婆婆成了"双面人"，当着儿子的面，对儿媳嘘寒问暖；儿子不在跟前，就对她冷若冰霜。

妻子生孩子时，丈夫出差在外，婆婆去陪床。妻子疼得大声喊"疼"，婆婆却在一旁冷言冷语："疼什么疼？女人都这样，谁没生过孩子，就你娇气！"生完孩子，婆婆一天没给她送饭，把她饿得直哭。

婆婆的所作所为，让她伤透了心。可当她告诉丈夫时，丈夫却不相信，还呵斥她："你怎么这样恶毒呢？竟然诋毁我妈？"

因为对丈夫失望，两个人的感情也开始疏远。熬到儿子4岁时，妻子提出离婚，儿子被判给丈夫。离婚后，婆婆百般阻挠她看儿子。婆婆经常当众辱骂她，还让孙子也骂她……

对于一个"浑身浮肿"的病人，第一步是要把她身体里的"浊水"放掉。如果情绪释放了，问题就解决了一半。所以，曲伟杰给这位女士做了催眠，帮助她彻底释放情绪："现在婆婆就站在你面前，你想对她说什么？"

进入催眠状态后，本来笑盈盈的妻子，突然指着"婆婆"号啕大哭："这回你赢了，我输了！你的儿子，你也夺走了；我的儿子，你也夺走了！你的儿子，我还给你；我的儿子，我也给你！你满意了吧？你够了吧？我终于被你彻底毁了！都是女人，你为什么要这么伤害我啊……"

过了一会儿，曲伟杰又问："你的丈夫就在你眼前，你想对他说什么？"问这句话时，曲伟杰悄悄打了一个手势，让门外的丈夫走进房间。

妻子哭着说："老公，你为什么不能给我一点儿支持？我那么爱你，我为你生了孩子……你妈这样侮辱我，你为什么不能为我说句话……我对你很失望……"

丈夫在门外已经听见妻子对自己母亲的控诉，现在又看见妻子心碎的哭喊。他趴在妻子的膝头，攥着她的手说："我错了，我错了，求你宽恕我吧！媳妇儿，你再嫁给我一次吧！"释放了压抑的情绪，又被丈夫真诚忏悔感动的妻子，流着眼泪答应了，他们紧紧地拥抱在一起。

临走时，这位丈夫坚定地对曲伟杰说："我是男人，我妈的事，就交给我来解决吧！我不会再让她受委屈了！"后来，他迅速地从母亲家搬回妻子家，把儿子也接了回来，和前妻复婚了。他会定期带着儿子看望母亲，但是再也没有给母亲伤害妻子的机会，哪怕母亲以死相逼。几个月后，这位曾经心碎的妻子，给曲伟杰寄了一包种子。曲伟杰知道，她的心里已经种满了爱的希望。

曲伟杰说，虽然婆婆没有来做咨询，但是，在一个关系中，丈夫改变了，妻子改变了，那么，婆婆必然也会跟着发生改变，他们会站在自己应该站的位置，让爱恢复平衡。

催眠，让断桥连接

曲伟杰遇到过一对看起来很不般配的夫妻。妻子长得非常漂亮，丈夫却长得又矮又丑。发现丑丈夫外遇后，妻子想离婚，可丈夫不肯，甚至为此割腕自杀！最后，两个备受煎熬的人，找到曲伟杰做咨询。

这对夫妻的结合，更像一场弄假成真的闹剧。妻子一直觉得自己长得很丑，因为，妈妈从小就说她长得丑。当其他人都夸她漂亮时，妈妈却说："你不要听别人忽悠。妈生的你，还能骗你吗？你长得很丑，学习是你唯一的出路。别照镜子了，专心学习吧！"因为自己长得"丑"，她担心将来没人要，拼命地学习，一路的学霸兼校花。

到了大学后，追求她的男生特别多。怕影响学习，她干脆找了全校最丑的男生假装谈恋爱，让追求者知难而退。这个丑男孩非常爱她，把她当成女神一样伺候。她一感动，就嫁给了他。因为缺乏安全感，所以，她经常对丈夫说："你不许外遇，不许看别的女人，不许给别的女人打电话……"这种警告对于丈夫来说，变成了一种提醒：你虽然很丑，但是很有魅力，能吸引别的女人……被妻子变相"鼓励"了几年的丈夫，最后真的外遇了。当知道丈夫外遇后，这位妻子差点儿疯了！

经过一个阶段的咨询后，妻子认识到，在外遇发生前，两个人的婚姻已经出现了问题，自己的严格管控让丈夫一看见她就打哆嗦。外遇，并不是丈夫一个人的错。而丈夫也郑重道歉，向妻子保证，自己绝对不会再外遇。

曲伟杰问："你愿不愿意和丈夫重归于好？"妻子犹豫地说："其实我愿意。我们有个女儿，他这么多年对我也一直很好。我知道，他现在也爱我。但我不知道，发生了这种事情后，我俩断了的感情，还能不能接上……"

曲伟杰决定对妻子实施一种催眠技术——人桥。问她："你愿不愿意做个桥？当你的身体能够承受先生重量的时候，你们就能够断桥连接！"

妻子坚定地说："我愿意！"

曲伟杰让妻子躺在两个桌子上，对她进行催眠，让她的身体变得跟钢板一样硬。然后，拉开桌子，只有肩和小腿搭在两张桌子的边缘，中间身体部分下面是空的。

接着，曲伟杰让体重 170 斤的丈夫，站在了只有 70 斤的妻子身体上，1、2、3、4、5，当曲伟杰数完这 5 个数，丈夫从妻子身上下来。妻子毫发无伤，而丈夫却泪流满面。

当妻子被唤醒后，他紧紧地抱着她说："你这么瘦弱，竟然把我给担住了！我要是担不住你，我还叫个男人吗？"听见丈夫的话，妻子也哭了，奇迹般地重建了对丈夫的信任。人桥，就这样用潜意识达成了心的连接。

为了处理妻子心中的委屈，曲伟杰又用时间前溯技术，对妻子进行催眠，并且开了一个追悼会，想象自己 72 岁时和丈夫告别的场景。站在未来，回望今天做的人桥。妻子说："我希望把这座桥，一直拉到我们婚姻的永远。我想做一个人桥的模型，传给我女儿。因为，我现在觉得女人最重要的，不是长什么样，考多少名，有多少钱，而是遇到危机时，懂得让断桥连上！"

曲伟杰说，在婚姻咨询中，咨询师不是"发功"把某种神奇的力量给来访者，也不是把催眠师的爱和力量赐予来访者；而是运用来访者自己的智慧和情感资源，让断桥连接。从来访者的真实需要出发，寻找一种生命出口，既避免灾难，又能回到当下可能的幸福。

催眠，让幸福重现

曲伟杰还对一个婚姻咨询个案印象深刻。有一位湖北的女士，千里迢迢地到哈尔滨，找曲伟杰治疗社交恐惧症。可是经过评估后，这位女士并没有达到社交恐惧症的水平。为了找到她的心结，征得她的同意后，曲伟杰为她做了催眠治疗。

在帮助她放松身体后，曲伟杰问："闭上眼睛，你都看到了什么？"女士回答说："我看到的，都是家里的事。每一天都那么平淡、重复、烦乱，让我窒息！啊，我想起来了！我不是来治疗社交恐惧症的！"

曲伟杰大吃一惊："那你是来干什么的？"

她闭着眼睛说："我们结婚7年了，没有经济问题，没有暴力冲突，日复一日的，平淡得都有一股子杀气！我怀疑老公已经不爱我了。我想离婚，可是，我很好面子，怎么跟老公说，怎么跟婆婆说，怎么跟娘家说呢？我怕老公不同意，会闹上法院！我也没胆子上法院。我想找你把胆子练大，这样就敢回去跟老公离婚了！"

曲伟杰听了，心里悄悄捏了一把冷汗——幸好及时知道了真相。否则，真帮她把胆子练大了，可能会破坏一个好姻缘呢！

妻子想离婚的原因只是因为平淡。但是平淡的婚姻，就不幸福吗？就没有值得留恋的地方吗？曲伟杰决定采取时间回溯的催眠技术，帮助她重新认识这段婚姻。

曲伟杰扶着这位妻子的肩膀，让她按照逆时针的方向转圈，一边转，一边说："我们现在逆时针旋转，你转一圈，就是回去一年……现在，你回到结婚的第一年，丈夫有没有对你做什么让你很温暖的事？"

妻子闭着眼睛摇头："我想不起来了。"

曲伟杰耐心地引导她："那你看一看，丈夫一日三餐都做了什么？"

过了一会儿，妻子说："怀孕时，他每天去早市，买鲜鱼给我熬鱼汤喝。他怕我觉得咸，总是一点点地调滋味。鱼汤开了锅，关了火，再撒一点儿葱。既能保持香味，又不至于混味。现在，我好像就闻到那股子香味……生了孩子后，他给我熬小米粥，还加了大枣。那种黏黏糊糊、甜甜丝丝的滋味，我能体验到咽下的那种幸福感觉……"就这样，妻子回忆了一个又一个温暖的小事。

之后，曲伟杰对她实施了唤醒："你回忆了丈夫的鱼汤和小米粥，也体验了鱼汤和小米粥在嘴里的感觉……你再深深地感受一下，当身心都品味着当初那种美好的滋味时，你可以顺时针地往外转……每转一圈都更接近现在……转到第7圈时，你就完完全全回到当下。"

当她睁开眼睛后，曲伟杰问她："现在，你还想不想离婚了？"她笑着说："曲老师，你就是给我钱，我都不离了！我上哪儿去找这么好的老公啊！我老公一点儿违法的事情不干，一点儿对不起我的事情不干，还这么疼我！我们平淡的婚姻，也是有爱的波澜的！"

两个月后，这位女士给曲伟杰打电话说："曲老师，我的邻居都觉得我病了！因为我一天到晚地笑！我也想不笑，可就是控制不住地嘴角往上翘！因为，我觉得自己这小日子太美了！看见我成天笑，我老公现在每天也可高兴啦，工作特有劲头！"

曲伟杰说，能量是一种中性的东西，往好处加工就是正能量，往坏处加工就是负能量。催眠激活了这位妻子的正能量，所以，原本的平淡，变成了温暖；原本的琐碎，变成了疼爱。当生活在幸福中而不自知时，催眠可以帮我们打开潜意识，好好看一看。这样，你就会发现自己其实是个富翁，更加珍惜当下的幸福。

曲伟杰总结道："其实，催眠也是如此，它既可以让人受益，也可以让人受损，关键看谁用它，怎么用它。我们既不用恐惧，也无需敬畏。催眠不过是一种工具，如同中医药匣子里的那根老山参。"

6

采访人：**付洋**

采访对象：**魏敏博士**，中国大陆首家"萨提亚"机构——齐家盛业公司创始人，加拿大太平洋萨提亚学院专业会员，中科院心理所婚姻与家庭研究生班导师，萨提亚模式培训师、咨询师。

观点："萨提亚"教会我们最重要的事，就是穿越事件或者情景看到对方这个人，当我们把父母、伴侣、孩子当成"人"来看，你可以看到对方的美好，看到对方的内在渴望、价值、特质和生命力。

萨提亚：把父母、伴侣、孩子当成"人"来看

了解"萨提亚"之前，必须先认识一位女士——维吉尼亚·萨提亚。她是家庭治疗流派的创始人，国际著名心理治疗师，美国最具影响力的家庭治疗大师之一，著有《联合家庭治疗》《新家庭如何塑造人》等书。

为了纪念维吉尼亚·萨提亚的非凡成就，她所创立的理论体系被称为"萨提亚"模式，简称"萨提亚"。

2016 年是萨提亚女士诞辰 100 周年，她所倡导的"每个人都是奇迹"的人性化理论，以及系统性转化的专业特色，将帮助更多的中国人体验幸福、健康和成功。

"萨提亚"从家庭系统方面着手，更全面地处理个人问题。通过提高自尊、改善沟通等途径，帮助人们体验到他们积极正向的生命力量，有更多选择、更负责任地做自己，更加和谐一致。"萨提亚"模式深入浅出，其中很多充满智慧的理念令我们感受到其传递的能量。

2003 年，魏敏率先建立起中国大陆的第一个萨提亚中心，将"萨提亚"模式广泛传播到中国大陆，心理学界很快掀起了学习

和应用"萨提亚"的热潮。

在采访中，魏敏介绍了3条对婚姻和亲子关系特别重要的"萨提亚"理念：人比规则和期待更重要；父母在任何时候，都是尽其所能而为；人因为相似而吸引，因为相异而成长。

人比规则和期待更重要

魏敏说，"萨提亚"最重视的是"人"，即我们生命的本身。因为，只有把一个人当"人"看，我们才能看到他的本质。很多父母往往被某种期待或规则控制着，看不到孩子的特质、资源和生命力。

有一次，魏敏接待了一对母女。女孩在北京的一所重点高中读高三，成绩名列前茅。但是，她整个人看起来非常不对劲儿：表情木讷，动作僵硬，好像是一具会走路的木乃伊，说话的声音也非常小。

通过交谈，魏敏了解到，这位妈妈从小对女儿有很高的期待。为了将女儿培养成才，她给女儿立了很多规则：每次考试都要考前5名；周末和假期必须上补习班；每天看电视的时间不能超过15分钟；不许喝饮料；不许吃零食；不许向别人要吃的……从学习到生活的方方面面，事无巨细。

女儿4岁时，有一次，妈妈带她去游乐园玩。有一个小朋友在吃话梅，女儿忍不住跟小朋友要了一颗。这个举动一下子破坏了妈妈的两条规则：不许吃零食和不许向别人要东西吃。妈妈非常愤怒，回家后把女儿狠狠地批评了一顿，甚至骂她没教养。从那以后，女儿再也不敢破坏规则。

而从妈妈的反应中，孩子学会的是：规则比我重要。所以孩子的自我价值感越来越低，不敢为自己负责，甚至不敢大声说话。妈妈诸多绝对化的要求，像布条一样将女儿缠得身体僵硬，呼吸困难，完全束缚和限制了她的内在生命力。

原本女儿在老家上学，很喜欢那里的老师和同学。但是，妈妈认为只有在北京上学，将来才能够考上好大学。于是，妈妈把女儿转到北京的高中借读，并且辞职陪读。环境的变化就像压倒骆驼的最后一根稻草，女儿因为失去平日可以相处交流的好友，加上新学校的学业压力，终于垮了。在咨询的同时，母女俩不得不去医院看精神科医生。

妈妈把期待、规则、标准、要求……放在一个非常高的位置，为这些东西而活，并且导致孩子也为这些东西而活。女儿的生命是那样的苍白无力，仿佛风中之烛，随时都可能熄灭。

当魏敏问女孩："你看到妈妈在用心地为你创造成长条件吗？"这个胆怯的女孩，竟然大声地说："她都做错了！"

在那一刻，妈妈震惊而沮丧，掩面而泣。她没有想到，自己付出一切都为了孩子，怎么在女儿眼里竟然都是她的错。

人的自我就像一座冰山。在水平线以上的是行为；水平线以下的是应对方式、感受、感受的感受（我为什么会有这种感受）、观点、期待、渴望、自己（生命力等）。孩子最需要的不是最好的学习环境，而是真正地做她自己。

一个不知道自己是谁、只为了满足外在要求而失去自己的人，既没有尊严，也没有价值感。父母的抚养责任，更重要的是让孩子从父母这里收到重要的生命信息：我是可爱的、父母无条件接纳我、我是被认同的、我是值得的、我是可以犯错误的、我是被信任的。

在咨询中，魏敏把母亲对孩子紧盯不放的眼光，引导到家庭系统中，探索到家庭里夫妻之间的状态以及夫妻关系对孩子的影响，发现很多来自家庭的动力在无形之中牵制着孩子的正常成长。这部分妈妈完全没有概念。妈妈只是在对老公的失望中，拼命把培养成功的孩子作为自己生命的全部目的。

心理健康的重要养成阶段从一出生就开始了，孩子心理营养的主要供给者是父母。没有对人的心理关注，而要在行为上控制是很危险的。对我们做父母的人来说，通过"萨提亚"获得自我内在的成长，让自己生活在和谐健康之中，才能更健康地支持孩子的成长。

魏敏是如此说的，也是如此做的。她有一对龙凤胎，因为女儿的身体比较弱，所以在孩子小时候，魏敏对女儿的关注更多，要求儿子凡事多让着妹妹。儿子心里很不平衡："我和妹妹是同时出生的，为什么我总要让着她？妹妹把妈妈抢走了！"为了满足被爱的渴望，儿子用欺负妹妹来吸引注意、平衡自己。

小兄妹的冲突发生后，魏敏看到的是：儿子是一个很有生命力的小孩，心理非常健康！他知道怎么为"我"的需要而争取父母的关注，用行动去表达"我"的需要和渴望，会释放"我"的情绪……虽然欺负妹妹的行为不对，却传达了很多信息。

看到儿子的渴望后，魏敏有意识地关心他、呵护他，让他能够确认自己是被父母爱的，是值得被关注的，而不是一味地批评制止儿子的行为。

慢慢地，儿子的行为发生改变，妹妹越来越为自己的哥哥而骄傲。

假如，她当时没有看到孩子的渴望，而是简单粗暴地批评他，甚至在品质上否定他，那么，孩子长大后，可能会具有很高的攻击性。

因为魏敏对孩子的期待是做自己，所以，她从没对孩子提出过绝对化的要求。高中以前，如果确立规则，她一定要先和孩子一起讨论，比如："你希望家里给你创造什么样的氛围？"孩子考上高中后，她就没再立过任何规矩，她认为学习和生活都是他们自己的事，他们可以为自己负责。

今年，北京的高考作文题目是《北京的老规矩》。儿子高考后，对魏敏说："妈，这次作文太难写了。我想不出咱家有什么规矩，根本找不到例子啊！"

在魏敏家中，没有规矩，但是有尊重、信任和安全感，所以两个孩子都很自律，而且有规则意识。有一次，魏敏过马路时没注意，不小心闯红灯了，结果儿子和女儿一起批评妈妈。

魏敏很喜欢"萨提亚"的一句话："每个人都拥有足够的成长资源。"她也相信，每一个人都愿意积极、正向地做人。父母只要给孩子一个适合的环境，善根就会自然地生发出来。家长越相信孩子，孩子就越能做好他自己。

父母在任何时候，都是尽其所能而为

虽然有些父母会犯错，但是，魏敏不认同"父母皆祸害""孩子的错，都是大人的错"这样的观点。她认为这些观点，对父母是非常不公平的。父母不仅仅是角色，他们首先也是人，也有他们的心理需要，也需要理解和支持。

在"萨提亚"的理念里，父母在任何时候，都是尽其所能而为。所以，魏敏相信，父母都是在做他当时所能做到的"最好"，只是因为他们的"有限"，所以才会在养育子女中表现出不足。（注：虐待、杀害自己孩子的精神变态者属于极端个案，不能代表"父母"。）

魏敏举了一个例子：有一位父亲，让说谎的孩子跪在大街上，任人羞辱。这种做法对孩子内在伤害很大，直接摧毁的是孩子的自尊。

然而，"萨提亚"让魏敏看到的是：这位父亲要孩子诚实，却没有适当的方法；或者因为孩子说谎，触及自己的底线，使情绪爆发而采取了极端处理方式。

在这个世界上，任何人都是有限的，我们的父母也是有限的。知识、阅历、能力的限制，可能让这位父亲认为，下跪是管理儿子最有效的办法；通过这种方式，能让儿子记住教训，以后不再说谎。

魏敏说，这肯定是他当时所能想到的最好办法，而他的初衷是培养诚实的孩子。这位父亲最需要的是帮助，通过成长扩展自己的可能性，知道自己可以有更多的选择。那么，以后再遇到类似的事情时，他就会做出更适当的选择。

有一位女学员，最初无法接受"萨提亚"的这个理念，问魏敏："老师，我爸死后，我妈把我扔给姥姥带，这么多年对我不闻不问！这样不负责任的母亲，难道也是在尽她所能吗？"魏敏回答说："是啊！她把你托付给她最信任的父母照顾，而不是把你随意地丢弃在街头，她在自己有限的情况下，尽力选择对你最好的方式。"

以前，这个女学员因为怨恨，从不允许别人在她面前提起母亲。听了魏敏的话后，她第一次和姥姥聊起了母亲。结果发现，母亲原来没有对她不闻不问。她小时候那条心爱的蓬蓬裙，就是母亲亲手给她缝制的；她从小到大的学费和生活费，也是母亲给的。母亲和父亲伉俪情深，承受不住丧夫的重大打击，才会无力照顾孩子。

有一段时间，母亲甚至担心自己会突然疯掉，在不能自控时伤害孩子……把女儿交给姥姥带，确实是这位母亲当时所能想到的最好选择。

当女学员第一次把母亲当"人"看，去认真地了解母亲的内心时，终于放下怨恨，接纳了自己不完美的母亲。

魏敏说，怨恨父母，并不能让我们成长和幸福。父母和子女有着千丝万缕的联系。我们不接纳父母，就等于不接纳自己；我们惩罚父母，其实就是在惩罚我们自己。

如果怨恨父母，我们的心中就会充满愤怒，而那份愤怒会一直左右现实的生活。最后，我们的伴侣和孩子，会成为这份愤怒的无辜受害者。

所以，欣赏并接受"过去"，可以增加我们管理"现在"的能力；相信"父母在任何时候，都是尽其所能而为"，能够帮助我们真正地接纳父母。

放下怨恨，可以从承认自己的"有限"开始。当我承认我有限时，我可以接纳我的有限，对自己更慈悲一些，不用非得去做那个完美的人；那么，我也可以接纳父母也是人，他们也是有限的，就会放下那些对父母的过高期待，甚至感恩父母给我们生命，感恩父母的养育之恩，看到父母的生命价值和内心深藏的爱。

人因为相似而吸引，因为相异而成长

魏敏认为，婚姻的挑战之一是夫妻之间处理差异的能力。男女刚交往时，往往是因为兴趣、爱好、价值观等方面的相似而互相吸引。然而，真正进入婚姻后，男女之间的差异越来越多地暴露出来。如果处理不好，就会引发战争。

魏敏和丈夫的差异是极为典型的，MBTI 性格测试结果两人没有一项重叠。从萨提亚的沟通理论来看，魏敏倾向于关注和照顾他人的感受，尤其在压力下比较容易自动化地选择牺牲自己的需要，属于讨好类型。丈夫更加理性，尤其在遇到压力时会直接着眼于解决问题，表现出极高的问题处理能力。

因为原生家庭的成长经验不同，两个人面对冲突的沟通姿态也有很大差异。在沟通时，惯于讨好的魏敏特别希望丈夫听听自己的感受；但超理智的老公是个学术派，根本不理解感受"有什么用"，总是习惯性地帮她分析问题，提供解决方案，结果导致冲突升级。

在学习了"萨提亚"之后，魏敏接纳了丈夫与自己的差异。首先，超理智的人用自己聪明敏捷的思考，展现自己存在的意义和价值，他们特别需要被尊重。魏敏在婚姻中注重给丈夫更多的尊重，让他感觉到自己的地位和被需要被尊重。其次，魏敏也看到超理智的人情绪稳定，直接解决问题，学习能力非常强。所以，她直接对丈夫说："我现在不需要解决问题，就想借你的耳朵用一下！"丈夫完全照着魏敏的要求做，一下子就学会了"倾听"。

魏敏觉得，超理智的老公非常可爱。魏敏说，正是因为彼此的差异与冲突，才让她看到了自己成长的空间，开始去学习，去成长。而他们的夫妻关系，也因此变得越来越融洽。

魏敏接待过一对"80后"夫妻。两个人都是精英型：家境优越，上学时成绩优异，工作后能力出众，性格独立。因为这些相似，两个人走到了一起。

然而，虽然看起来门当户对，但两个人的成长经历是完全不同的。丈夫是家里唯一的男孩，父母对他非常包容和关爱。他一帆风顺，什么事都不操心，不注重生活细节。

与丈夫相反，因为父母的工作繁忙，妻子从小照顾弟弟，成为一个特别勤劳、独立、能承担的女人。但是，因为没人能帮她分担，没人可以指望，所以内心充满了孤独感。

结婚后，妻子开始抱怨丈夫不干活，不照顾孩子。妻子的渴望是，老公能够看到她、关心她、支持她。但是，当她指责丈夫时，丈夫看不到她内心柔软的渴望，而且不知道怎么回应才好。

于是，妻子一指责，他就干脆不回家。而丈夫的回避，又勾起了妻子心中的孤独感："怎么结婚了，这个家还得靠我一个人撑着呢？这个男人什么也指望不上！"失望、愤怒的情绪越积越多，最后，她想到了离婚。

值得庆幸的是，这对夫妻没有草率地离婚，而是选择学习"萨提亚"的课程。在魏敏耐心引导下，妻子向丈夫表达了自己最真实的渴望："我很孤独，我很辛苦，我累了，我需要你的肩膀靠一靠，需要你理解我，支持我……"

听完这些话，原本背对着妻子、一脸冷漠的丈夫，突然转过身来，伸出手臂抱住了她。

课程结束后，这位丈夫说："我觉得，我的老婆很女人！她需要我的支持和保护！"在处理差异和冲突的过程中，他们彼此都得到了成长，内在的爱又重新流动了起来。

魏敏说，"萨提亚"教会我们最重要的事，就是把父母、伴侣、孩子当成"人"来看。

因为只有这样，你才能看到对方的渴望、价值、特质和生命力。

当我们看到自己拥有的资源和内心深处的渴望时，也能看到家人的资源和渴望，我们就在更深的能量层面产生联结，我们就拥有了改变的力量，而我们的关系也会随之改变。

第二章
为更加亲密蜕变

从前的你，成就了现在的你；现在的你，将成就未来的你。

>>> 岳 晓 东 / 尹 璞 / 汪 冰 / 史 宇

1

采访人：**付洋**

采访对象：**岳晓东**，美国哈佛大学心理学博士，香港城市大学应用社会科学系副教授，香港心理学会辅导分会首任会长，受聘为南京大学等 25 所大学的客座教授。著有《登天的感觉》《少年我心》等多部心理学著作，先后在国内外的各类学术刊物上发表学术论文 150 余篇，影响深远。

观点：绝对爱自己是自恋，绝对爱他人是自卑，相对爱自己是自信。在爱情中，只有做一个自信的人，才能拥有一份健康的爱情。

成熟的爱，才能幸福和永恒

生活中，我们常常关注的是如何找个好伴侣。可岳晓东却认为，爱情首先不是找对人，而是做好自己。因为你没有做好自己，即使遇见一个极其理想的人，你也留不住他／她。

比如，面对一个优秀的人，如果你是个自卑的人，就会把对方看得高高在上，把自己看得渺小可怜，这样你连表白的勇气都没有，更谈不上恋爱了。再比如，如果你是个自恋的人，要求对方围着你转，对你唯命是从，你就是开始了恋爱，也不会持久的，因为你早晚要把人家吓跑。

所以，爱情中要先做好自己，而后征服他人。"先把自己练好了，那么一亮相就能吸引人。匆匆忙忙地谈恋爱，对方会觉得：哎，你说话办事那么幼稚，和你相处太累！"

那么，"没有做好自己"在爱情中有哪些表现？做好了自己，又怎样赢得爱情？来一起听听岳晓东的人生感悟。

半个馒头和一个自卑的男生

1977 年，在北京第二外国语学院，有一个男生因来自外地而时感自卑。曾经是全省英语状元的他，上了大学后却发现同学们都比他优秀，信心大受打击。

此外，因为是应届毕业生，年龄最小，他常被女生们当成小弟弟看，没人想做他的女友。一次，在学校食堂吃饭时，一个漂亮女生给了他剩下的半个馒头，这使他一度心花怒放：她是对我有意思吗？阳光会普照到我这个被人遗忘的角落吗？

他不敢相信自己有这种幸运，该不该向女生表白？纠结了一段时间后，发现那女生对他毫无兴趣，这令他更感自卑，心里想，既然你对我没有意思，干吗送我那个馒头呢……这个自卑的男生，就是岳晓东。

走出自卑，岳晓东用了近 10 年的时间。在这期间，他大学毕业后，赴澳深造一年，后来又赴美留学 8 年，取得了哈佛大学心理学博士学位，成为了心理学专家。

留学期间，他竭力培养自己的创新精神和幽默能力，增强情绪自控能力，从而超越了自卑。回想多年前那段"馒头经历"，岳晓东说："即使她当时对我有意思，我也留不住她。因为自卑的人只爱别人，不爱自己，一味地看低自己，认为自己没有资格拥有一份美好的爱情，不配被对方所爱。所以，自卑的爱情是很痛苦的。"

"自卑的人往往消极、颓丧，缺乏生活情趣。在恋爱时，会像祥林嫂似的向对方倾诉自己的烦恼。"岳晓东说，诺贝尔就是一个有着严重自卑情结的男人。他认为自己相貌难看，没有女人会喜欢，认为自己最大的优点是不给别人带来负担。

更不该的是，他在谈恋爱时，时常流露出自怨自艾的伤感，把女友当成自己的情绪垃圾桶，不是说自己被谁抛弃的烦恼，就是说在做实验时炸死谁的惨事。

这样的倾诉，没有一个女孩子能听下去。女孩会想：你能不能说点儿开心的事？所以，诺贝尔的爱情总是无疾而终。

自卑的人，还会因为不相信自己的能力而不敢开始爱情。一次，一个男生来找岳晓东，因为他爱上一个优秀的女孩，但是没有勇气表白。

他觉得自己太平凡了，配不上这个好女孩。而通过观察，他发现很多男生都在向她献殷勤，女孩接受他的可能性太低了。

他问岳晓东："岳老师，您说，我该不该找她表白呢？"对此，岳老师与他耐心地探讨："如果表白，可能有两种回应：一种是良性回应，就是她接受了你；一种是恶性回应，就是她拒绝了你。无论怎样，表白意味着你先战胜了自卑，战胜了自我，以后遇到了关键时刻，你不会退缩。即使她拒绝了你，也没太大关系，因为你战胜了自我！而如果不表白，你就什么机会也没有了。"输别人而不输自己，这就是打了个平手！

此外，岳晓东还教了那个男生一些表白技巧，比如用英文的方式来表白，这样会显得含蓄优美，又很有品位，容易被对方接受，如：You are my sunshine, my only sunshine.（你是我的阳光，我唯一的阳光。）Whenever I see you, my heart sings like a bird；when you leave me, my heart sinks like Titanic.（一见到你，我的心像鸟一样唱歌；每当你离开我，我的心像泰坦尼克号一样下沉。）最后，这个男生勇敢地向心爱的女孩表白，实现了自我成长。

总之，岳晓东认为，谈恋爱时，不要总惦记自己的短板，如家里没钱、长得平凡、工作不好……对方接受你的爱，就代表他接纳了你这个人。他的选择，本身就能证明你是一个值得爱的人。否则，在茫茫人海中，他为什么会选择你？又不是做实验，随机取样！

岳晓东还认为，助长恋人的自卑情结，是爱情对人性最大的摧残。懦弱、退缩、逃避、颓废、消极都是自卑的副产品。人要是自卑了，爱情就不太可能会让人幸福和快乐。所以，在恋爱中，我们要尽量地肯定、赞美、包容恋人，千万别把他贬得一无是处。

自我中心和完美主义，爱情的两大杀手

自我中心是自恋型人格的主要表现，即凡事从个人利益出发，不会考虑别人的感受和需要。这样即使制造浪漫，也令人不舒服。岳晓东举了一个生活中常见的例子："很多男生喜欢跑到心爱女生的宿舍楼下当众示爱，比如，在地上用玫瑰或者蜡烛摆个漂亮的心形，然后对着女生的窗户大喊'我爱你'，招来一堆人围观看热闹。

"这其实是把一件最浪漫的事情做得最不浪漫！因为本质上这是一种绑架行为，让人生厌！当众表白前，你考虑过女孩子的感受吗？她会不会觉得尴尬和难堪？你制造浪漫，但是对方根本不认同，这就是一种自我中心的表现。咱们换个角度想想，假如有一个女生突然跑到男生宿舍楼下，大喊'××，我爱你，我要给你生个孩子'，男生不被吓死才怪呢！"

岳晓东还举例说，他以前有一个女同事，老公每天下午5点45分准时来单位接她。大家都特别羡慕她："看看，这个男人多浪漫啊！"可女同事却总是郁郁寡欢。有一天，她幽幽地说："那叫啥浪漫啊？那叫看管！"恋爱时，男友天天来接她下班，她觉得男友很在乎她。但是结婚后，老公天天来接她下班，她就有了压迫感。都结婚了，还要天天看着她！非但没有感到浪漫，反而还觉得很窒息，没有自己的空间。

如果总按照一种方式来对待爱人，不去考虑她的感受变化，这也是一种自我中心。所以，在爱情中，我们要少一点儿"想当然"，经常问问对方："我这么做合适吗？你希望我怎么做？"这样彼此都会轻松很多。

自我中心的人，常会对自己的过错一笔带过，对别人的过错揪住不放。在美国哈佛大学心理咨询中心工作时，岳晓东曾经给一个叫查理的男生做过咨询。

他有一个恋人叫海伦，两人相爱5年。高中毕业后，查理考入哈佛大学，海伦上了本州的一所大学。一次，查理没有抵住诱惑，和波士顿另一所名校的一个漂亮女生发生了一夜情。

海伦知道后，报复性地也和一个男生发生了关系。查理知道女友出轨后，异常痛苦，扇了女友一个耳光。

虽然是自己出轨在先，但是查理对自己的错误一语带过，还找了一大堆理由，比如当时喝醉了、太寂寞、无心之错等等，但对女友的错揪住不放。他可以轻松地原谅自己，但是却不肯原谅海伦。

在咨询中，岳晓东发现，查理有明显的自我中心倾向。他没有同感共情，不能感知女朋友因为他出轨有多痛苦。所以，岳晓东把培养他换位思考和共情的能力，作为查理成长的支撑点。

建立良好的咨询关系后，岳晓东运用一些技术，引导查理去体会海伦的感受："你站在海伦的位置上，当她知道你和别的女孩暧昧时，她会怎么想？内心是什么感受？"

查理用心地去体会，才发现海伦当时有多受伤，第一次意识到自己的错误。咨询结束后，查理真诚地向海伦认错。海伦非常感动，为了挽回感情，她转校来到了哈佛，与男友在一起。由于查理经常自我反省，不再自我中心，两个人的关系比以前更加融洽。

自我中心的人，也习惯说一不二，要求恋人都得听自己的。从本质上来说，自我中心的人不是"自私"，而是"无私"得让人无法接受。他会把别人都归在自己的范畴里，所有人都得跟着自己转。比如，一个女孩给男朋友买了一块表作为生日礼物，也不问对方喜不喜欢，就硬逼着他每天都戴："这个表是我给你买的，你不能不戴！你要是不戴，就是辜负我对你的一片心！你就是对不起我！你知道我给你买这块表，花了多少钱！"

对付这种人最好的方式是以毒攻毒，给她做一次同感练习。男孩可以在下次女孩生日时，送一块她最讨厌的头巾。然后说："我给你买的头巾，你为什么不戴啊？你知道我是花多少钱买的？你不戴我送的头巾，就是不爱我！"她说："我爱什么时候戴，就什么时候戴！"这时候，男孩就可以回应："你上次送我表的时候，就是这么跟我说的。"

这样，她就能知道自己的态度和行为是不对的。

其实，每个人都有自我中心的时候，但是，如果一直不觉察、不反省、不纠正，让自我中心成为高度的习惯养成和条件反射，就会发展成为自恋。沉醉在自己的幻想里，总是自作聪明、自以为是，没有自知之明；总是要求恋人一定要爱自己、对自己好，自己却不停地抱怨恋人、怀疑恋人，那是很讨人嫌的，而且让对方感到窒息。

完美主义则是自恋的另类表现。完美主义，就是拼命揪细节，一点儿遗憾都不能有，别人一点儿错都不放过。到头来，自己过得纠结，别人跟着累。岳晓东曾经收到过一个女孩的来信，她觉得自己的男友不完美。虽然他人品可靠、有能力，长相也不错，也非常爱她，但家里是农村的。她不太满意男友的家庭背景，但是又舍不得分手，所以非常痛苦。

岳晓东在信中回复她说："……人们往往习惯以十分挑剔的眼光看待对方，于是就有可能出现这样的循环：有才华的人嫌长得丑，长得帅的人嫌挣钱少，挣钱多的人嫌不顾家，顾了家的人嫌没出息，有出息的人嫌不浪漫，会浪漫的人嫌靠不住，靠得住的人嫌不出国……如此循环下去，满世界的男人没一个可以达标的……

"恋爱和婚姻中永远存在遗憾，问题在于哪一种残缺是可以接受的？哪一种残缺是不可接受的？哪一种残缺可以激励人成长？哪一种残缺可以使人堕落不振？"

她挑剔男友不完美，是因为她认为自己是"完美"的，自我价值感膨胀，其实就是一种自恋的表现。

岳晓东还曾给一个哈佛女博士生做过咨询。她的丈夫在美国找不到自己的位置，想回国内发展。而她既想在哈佛大学读书，又不想放弃婚姻，总想两全其美，结果夫妻俩都非常痛苦。

岳晓东引导她思考，想要两全其美本身没错，但是在争取不到的时候，必须清楚知道自己要做什么，要懂得为自己做的决定承受代价。什么都想要，必然会沉醉在自己的幻想中，这就是完美主义者的纠结。经过咨询后，女博士终于明白自己最想要什么，也做出了适合自己的选择。

对于完美主义者，岳晓东的建议是：走出完美，变成足美。完美主义者是追求完美，找出不足；足美主义者是尽力而为，寻找受益。就像曾国藩说："尽人事，听天命，随其自然。"这样的人，更加真实和可爱；这样的爱，才不会让人太累。

完善自我，练好爱情基本功

那么，我们要怎么做，才能够做好自己呢？

岳晓东认为，做好自己，首先是要自信。自信得益于清醒的自我认识和积极向上的人生观。自信就是有自知之明，实事求是地看待自己，善于自我反省，既不妄自尊大，也不妄自菲薄。

比如，发现自己有毛病时，及时地改变，让自己获得成长。找对象时，能从自己的优点和缺点出发，衡量双方的性格、爱好、生活习惯、价值观是否匹配。无论面对多优秀的人，也能不卑不亢，落落大方……有了自信，你会变得很可爱，能够吸引更多的人，爱情的机会和选择也就更多。

其次，是修炼一些爱情基本功，让自己的吸引力更强。

对于女孩子来说，首先要温柔可爱。托尔斯泰说过一句名言："女人不是因为美丽而可爱，而是因为可爱而美丽。"温柔，就是展现出女性柔软的特质，会讨巧、哄男人，而不是逆来顺受。

其次是善解人意。善解人意是要学会察言观色，善于沟通，做一朵解语花。岳晓东开玩笑说，如果在贾府搞一个"宝二奶奶"的公投，胜出的肯定是薛宝钗。因为林黛玉动不动就使小性子，如果真和贾宝玉结婚，两人一定会一三五单打，二四六双打的。

三是会做一点儿家务。现在"80后""90后"小夫妻闹矛盾，都是相爱容易相处难。两个人眼里都没活，家里乱得不得了。女孩会做一点儿家务，比如织毛衣或炒菜，男人回到家里才有家的感觉，才会留恋。两个人一起做家务，还能增加生活情趣。现在会做家务的女孩已经成为稀缺资源，非常吸引人。

对于男孩来说，做好自己首先是要学会幽默，能哄女孩子开心。反之，谁会喜欢让自己一直不开心的人呢？此外，要有责任心，做人要靠谱，要清楚自己在做什么，并敢于承担责任。三是要有上进心，有梦想，处于一个积极进取的状态。四是要包容，其实冷暖都是情，苦辣都是味。宽恕是一种美德，宽恕别人，也就是宽恕自己。五是如果男孩也会做一点儿家务，会加分不少。

不要说自己没有办法改变，没有时间改变。

总之，在爱情中，心在哪里，时间就在哪里。什么都不上心，才什么都得不到。当你不是带着自卑、自恋而是自信走入爱情时，就不会千百遍地问自己，今天说的哪句话得罪了对方；也不会陶醉在自己说的话里，不管别人如何想。

你会自我觉察，理解对方的感受，知道如何让彼此开心。这样的爱，才是一种健康的爱，幸福的爱。

2

采访人：**付洋**

采访对象：**尹璞**，国际著名心理专家，教育专家，个人成长导师。著有《好心态＝好生活》《男人那几天》等，被德国《时代周刊》誉为"现代中国灵魂的绘图师"。

观点：拥有好心态，才能让你拥有一份好爱情。

好的爱情，就是让各自享受变成一种共同拥有

爱情，不讲条件讲感觉

现代人找对象总是离不开各种条件：房子、户口、工作、学历、相貌、身高、胖瘦、家境……爱情渐渐地变成了一场交易，只看条件是否合适，至于爱不爱的，先结了婚再说。

尹璞说，爱情是两个人从相识到了解，产生情感共鸣和摩擦直至融合的过程。所以，爱情的主体是人和人，而不是条件和条件。讲条件，就是给自己的爱情找麻烦，把简单的事变得复杂了。

讲条件的背后，隐藏的是虚荣的心态：我找到一个条件这么好的对象，亲朋好友、同事同学都羡慕我，我特有面子！所以，男人通常会在意女朋友够不够漂亮，带出去自己有没有面子；女人通常在意男朋友是否有房有车，在闺蜜面前够不够风光。

有一次，一个朋友找到尹璞说："最近，我的女朋友向我求婚，我不知道该不该答应。"尹璞问："你在犹豫什么？"他苦恼地说："在我历任的女朋友中，她是让我感觉最放松、最舒适的那个。但你也见过她，她是我所有女朋友中，长得最丑的那个。我怕朋

友笑话我，所以特别纠结！"

尹璞开玩笑地说："你要记住：她的那张脸是属于广大人民群众的，其他部分才是属于你的。你不要太关注广大人民群众的感受，快不快乐，只有你自己知道！"

朋友哈哈大笑，豁然开朗。后来，他和这位不太漂亮的女朋友结了婚，婚后非常幸福。

尹璞发现，绝大多数找他做婚姻咨询的夫妻，条件看上去都很匹配：先生有钱有地位，太太年轻漂亮。但这些条件并没有让他们拥有一个幸福、舒适的婚姻。

而真正幸福的夫妻，他们讲的不是条件，而是感觉。只要感觉两个人在一起舒服、放松就好。

但问题是，我们其实并不了解自己的感觉。很多人只在某个瞬间，知道自己开心不开心，但在更深和更细的感觉层次上就不敏感了。

这和我们的成长经历有关：传统的家庭环境，都是让孩子淡化对自己感觉的关注，强化对其他人感觉的关注。比如，考试考砸了，孩子最先关注的不是自己内心的沮丧，而是家长的失望；不小心打碎盘子，孩子最先关注的是妈妈的愤怒，而不是自己内心的恐惧。

尹璞经常问求助者一个问题："你喜欢一个什么样的人？"绝大多数的人能清楚地回答他"我不喜欢什么"，但很少有人能说出自己喜欢什么。

比如，一个女孩的答案是："我不喜欢娘娘腔的男人！"尹璞问："80%的男人都不是娘娘腔，但是这80%的男人都适合你吗？"她一下子愣住了。尹璞说："你没有聚焦到自己的感觉，所以，不知道自己真正想要什么。哪怕最适合的人就站在你面前，你也不会确定。你对他的印象是：哦，他不是娘娘腔！仅此而已。结果当然是一次又一次地错过……"

还有很多人谈恋爱后，感觉找不出对方有什么毛病，自己没有理由分手，于是恋爱一谈就是好几年，可就是没有动力走进婚姻。这很可能是因为，对方身上并没有你渴望的东西，他给你的感觉不舒服。

如果让自己的感觉为别人的感觉让步，就等于是替别人来寻找终身伴侣。比如，有一个女孩的择偶条件是老实，因为妈妈告诉她，老实的男人不容易"出事儿"。这显然是妈妈的经验之谈，妈妈也是出于保护女儿的好心。但老实的男人是否适合女儿呢？事实上，很多女人都无法忍受一个虽然老实，但缺乏激情和活力的男人。

那么如何了解自己的感觉呢？写情感笔记，能帮助我们聚焦自己的感觉，了解内心真实的渴望。把每天让自己有明显情感触动的人或事情记录下来：什么让你开心、委屈、郁闷、温暖、向往、幸福、舒服等等，至少要坚持一个月。

有一个女孩曾经认为自己想找一个强势的男人，但是每次找到这样的男朋友，都是以分手告终。通过写情感笔记，她终于发现，自己内心深处真正渴望的是那种温柔体贴的暖男。因为只有被关心呵护的时刻，她才感觉到温暖和向往。

毁掉爱情的两种心态

毁掉爱情的一种心态，是图省事儿。比如，对男人而言，搞定女朋友最快的方式是花钱，最慢的方式是沟通。为了图省事儿，他们往往会选择花钱，比如送女朋友礼物来取悦她；而懒得花时间与女朋友沟通，了解她想要什么。

久而久之，女友的情感需要一直得不到满足，就会对爱情失望。就连送礼物，男人也是图省事儿，送得特别套路化：情人节，送玫瑰花；女友生日，送生日蛋糕。就像八月十五吃月饼一样，只是例行公事，看不出诚意。

有一个男孩对尹璞抱怨说："过情人节，我送女朋友玫瑰花了，为什么她不惊喜，不高兴？"尹璞说："大家都送花，你也跟着送，有什么惊喜？如果你的女朋友不是她，你照样送花，这花跟她这个人有什么关系？她有什么可高兴的？"

尹璞认为，男人送礼物，一定要体现出对女朋友的了解和喜欢，并且用心地设计美妙瞬间。

尹璞有一个朋友，在情人节的前一周，每天都送给女朋友一个小礼物。第一天，女友收到一个很萌的小书签，上面写着"距离情人节还有 7 天"；第二天，收到一个防辐射的小盆栽，盆栽夹着一张便利贴，上面写着"距离情人节还有 6 天"……她感觉，男朋友和自己一样期待情人节，兴奋感每天都在积累和升级。

到了情人节那天，女孩的兴奋感已经达到最高点，可还是不知道男友要做什么。早上一到单位，女同事就递给她一张小纸条："下午两点，在单位门口等人接你，车牌号是 ×××××。"

下午两点，她等来一辆专车，令她惊讶的是，男朋友居然没在车上。下午，专车载着她游览了北京最美丽的几个地方。女孩是外地人，刚到北京工作，所以，眼前的这一切都让她感到新奇和兴奋。晚上，专车在一个桥边停下，女孩站在桥上，看着醉人的夜景。

这时，男朋友出现了，揽着她的肩膀说："怎么样？我们这个城市很漂亮吧？"之后，两个人在桥上拥吻。整个过程，男孩没花多少钱，但是女孩感觉特别浪漫。

吃老本儿，也是恋爱男女常见的一种错误心态。谈恋爱时，两个人没完没了地讲自己的故事。谈了几年后，把各自的故事讲完了，发现没啥聊了，爱情变得像鸡肋一样，食之无味，弃之可惜。

有一位男士，他津津有味地跟老婆讲自己军训时的趣事，没讲两句，老婆就说："咦？这个故事你早就讲过了。"他说："不可能吧？"老婆"噼里啪啦"把故事复述了一遍，比他讲得都生动。他再接再厉，又讲了一个自己童年时的糗事，老婆很无奈："哎，这个事，你都和我讲过 3 遍了。"他觉得很扫兴，说："好，那换你讲吧，否则干坐着多无聊！"老婆随口讲了一个大学时发生的事。结果，这回换老公说："这个事，你也讲过了……"

尹璞说，讲故事本身不是问题，问题是，不能吃老本儿。因为，最难忘的浪漫故事，往往是和爱人一起创造的。如果你们分享的故事，都是互相认识以前的故事，很快就会失去出于好奇的吸引。只有不断创造属于两个人的故事，才能够让爱情保持新鲜感。结婚后，夫妻俩也要时常创造出柴米油盐酱醋茶以外的故事。

在尹璞的建议下，这位男士开始用心地创造夫妻俩的共同故事。有一次，他带着老婆背着帐篷去旅游。晚上，两个人在山上扎营，睡在漫天的星光下。老婆觉得特别浪漫，先生也觉得很有意思。这次经历，成为他们俩一次特别难忘的记忆。

冲突和分手，都是好事

尹璞有一句名言："在我身上只能发生两件事：第一种是好事；第二种是暂时还看不出好在哪儿的事。"在他看来，恋爱过程中发生冲突，甚至分手也是好事。

两个来自不同的家庭、成长经历不同、性格也不同的人谈恋爱，如果想要不发生冲突，只有一个办法：装。但是，谁有本事装一辈子？所以，恋爱时"装"，就为婚姻埋下了定时炸弹。

结婚后，如果一个人突然决定不装了，另一个人就会有一种上当受骗的感觉。如果恋爱时发生冲突，通过积极沟通，情侣可以找到处理冲突的办法，彼此学会包容和妥协，就会让感情更进一步。

如果双方都尽了最大的努力，还是难以共存，可以选择分手。虽然失恋让人很伤心，但是它避免了一段可能痛苦的婚姻，也避免了将来付出更大的代价来离婚。

而之所以分手，也是因为在相恋的岁月里，两个人都把真实的自己表露给对方，至少态度是坦诚的。分手，也能帮助自己总结教训，弄清楚自己想要什么。所以，如果我们能用一种好心态来面对分手，分手就是一件好事。

分手后，最好要给自己一段平复的时间。如果投入的感情很深，那么至少需要半年时间来平复心情。刚分手的人，往往呈现出一种"篮板球"的状态，急于投入异性的怀抱，填补情感空缺。这种心态下，很难拥有好爱情。

另外，有些人喜欢和前男（女）友攀比。因为他要结婚，所以，我也要结婚；因为他要买房子，所以我也要买房子……明明已经分手了，还让前任左右自己现在的行为，就等于主动让他的情感绑架你。你想报复他，但其实是在惩罚自己，这是一种悲催的被动心态。

尹璞建议，失恋后如果心情久久不能平复，最好去做心理咨询，解决上段关系留下的未了情结，处理掉怨恨、自责、后悔等情绪。如果带着未了情结谈恋爱，很可能会下意识地惩罚自己，认为自己不配被人喜欢和尊重，这样很难获得一份好爱情。

心理咨询师最重要的价值，是提供一个安全诉说的环境。失恋者倾诉时，是一句一句地讲出来，会有先后顺序，有逻辑性，这样，乱成一锅粥的思路就能梳理清楚。

一般来说，闺蜜和哥们儿并不适合做失恋者的倾诉对象，因为他们没有受过专业训练，倾向性太强。他们可能会煽动你，让你的思绪更乱，比如说："这样还行啊？不行，不能便宜他！"也可能会把他们自己放进去，比如说："如果是我的话，我就会报复他……"

闺蜜或哥们儿可能自己失恋时，就采取了这种报复方式。推荐给你，其实是为了证实他的做法是正确的。于是，你在被你的前男友（女友）情感绑架的同时，又被你的闺蜜或哥们儿情感绑架了，以致受到双重伤害。

用共存的心态经营爱情

尹璞说，恋爱关系中，最让人向往、最容易把它推向婚姻的，其实是一种舒服和放松的感觉。而想要让爱情保持舒服和放松，需要有一种"共存"的心态：我存在，我也能看见你存在；我们彼此的生命不同，但我不会因此否定你；我们把各自享受的东西，变成一种美好的共同拥有。

一个最常见的例子是：很多女孩都很讨厌男朋友看球，想方设法改造他："亲爱的，看球多无聊啊，你陪我一起逛街吧！"或者干脆下通牒："足球和我，你要哪个？"

面对女友的要求，男孩往往会有一种被算计的感觉："你不喜欢我看球，怎么不早说？早说的话，我就不找你做女朋友了！"他的心里会有一种不得不放弃爱好，不得不和她结婚的憋屈感，而持续的憋屈感会把爱情毁得面目全非。

爱好的背后，往往隐藏着一大串东西。比如，一个女孩喜欢唱歌，她常常唱，所以唱得很好听。朋友们很佩服她，她很有面子，因为唱歌在朋友圈中有了地位，每次唱歌时，都有一种愉悦的体验……唱歌就不仅是一个爱好，而成为这个女孩生命的一部分。所以，否定一个人的爱好，往往等于否定这个人的存在。

尹璞是英国阿森纳队的铁杆球迷，太太是电视剧迷。他从来不跟太太抢电视，而是穿着阿森纳队的球衣，陪着太太一起看电视连续剧，一看就是几十集。只有在电视剧插播广告时，他才会转到足球频道，看看比赛的得分，然后马上转回来。当时，太太没有马上牺牲自己的爱好来迁就尹璞，但是脑子里有了一根弦。

周五晚上，电视连续剧播完大结局，她主动对尹璞说："好了，从明天起，你可以看足球了。"

第二天，尹璞在客厅里看球，太太在卧室看书。球赛结束时，太太突然问了一句："咱们赢了吗？"尹璞当时特别高兴，心想："她连球赛都没看，却关心比赛结果，这是因为她知道我关心啊！她希望我开心！"于是激动地说："赢了！"太太喊了一声"YE"，兴奋地跑过来和尹璞击掌，两个人都特别开心！

又过了几天，太太好奇地问："你是怎么成为阿森纳球迷的？"尹璞绘声绘色地给她讲了很多阿森纳队的趣事和糗事，于是在太太心中，阿森纳不再是一个名称，而变得有血有肉，丰满生动。这次聊天后，她提议说："那下回咱俩一起看一次！"

发展到后来，太太成为比尹璞更铁杆的阿森纳球迷。因为太紧张比赛结果，都不敢看直播。尹璞在客厅里看直播，太太在卧室里待着，过一会儿就跑过来问："现在几比几了？"如果比赛赢了，就看一遍录播；如果比赛输了，她一天心情都不好。

尹璞说，如果开始时，他没有先退让，而是直接否定太太的爱好，说："你别看那些电视连续剧，低俗无聊！"那太太心里肯定不高兴，一定会反驳说："看球就不浪费时间了吗？"两个人的冲突就会越来越大，直至无法"共存"。

尹璞的太太是一个典型的美食爱好者。每次有外地的朋友来北京玩，她不仅能推荐很多个餐馆，对每个餐馆的招牌菜了如指掌，甚至能告诉对方："今天是星期五，你不要点这个菜，做这个菜最好吃的大厨今天休息。"

作为一个吃货，她的理想就是吃遍天下美食，所以总喜欢出去吃饭。每次吃饭，还喜欢把姐妹淘叫出来，一边品评美食，一边聊女人的事，把尹璞晾在一边。

可尹璞其实特别喜欢在家吃饭。一方面，他喜欢做菜，做得也很好吃；另一方面，感觉外面的饮食不太卫生。但他抱着"共存"的心态，陪太太出去吃饭。

渐渐地，他发现出去吃饭也是一件好事。有时候，小店隐藏在北京的胡同儿里，吃饭变成了寻宝之旅，一路充满乐趣。

而且，每次吃到独特的美食，尹璞就琢磨里面的配料和做法，回家做给太太吃。不仅拓展了自己的菜谱，还得到太太由衷的赞赏。渐渐地，太太在家吃饭的时间越来越多。就这样，夫妻俩成为一对幸福的美食爱好者，日子过得有滋有味。

这样看来，想拥有幸福并不难：把爱情看成一件只讲感觉的简单事儿，谈恋爱时多花心思不省事儿，把失恋和冲突当成好事儿，让各自享受变成一种共同拥有……拥有好心态，才能让你拥有一份好爱情。

3

采访人：**黄依凡**

采访对象：**汪冰**，北京大学精神卫生博士，亚洲积极心理研究院首席研究员。中央电视台《大家看法》、中央人民广播电台《神州夜航》特邀心理专家，北京人民广播电台《今夜私语时》《说烦解忧》嘉宾主持人。撰写《世界再亏欠你，也要敢于拥抱幸福》，翻译《幸福的方法》。

观点：婚姻生活里，不可能没有不满和怨怼。而那些用抱怨甚至"海啸"的方式来发泄坏情绪的方法却会毁了婚姻。让婚姻幸福的方法，是将无趣、伤人的抱怨，好好地说出来。

我想要用语言确立我的存在，但你却不是这么想

女人爱抱怨，其实是想让老公点个赞

作为一个月至少有 15 天感到不幸福的已婚女性，笔者见到被誉为"幸福代言人"的汪冰博士时，难免一连串发问：为什么女人的压力越来越大，仿佛时刻都会被"悲催"的事儿缠身？为什么别人婚后依然甜蜜如初，我的婚姻生活越来越乏味枯燥？

听了一连串的抱怨后，汪冰笑着说："那是因为你一直在唠叨、抱怨。而抱怨是婚姻幸福的大敌。"他顿了顿，接着说，"当然，抱怨在很多人身上不可避免，现在的生活压力太大，婚姻要幸福美满就更不容易。"

现实中，能让女人抱怨的地方实在是太多。比如花一整天把家里收拾利落了，男人却不到 10 分钟就把家弄成了"狗窝"；女人冬天也会一天洗一次澡，男人即便出一身臭汗，却连脚都不洗就往被窝里钻。还有的抱怨生活质量，比如"谁的老公又带她去欧洲旅游了，你却 3 年没带我出过这座城"；"谁家买第二套房子了，我们却还在租房住"；孩子在学校惹了事儿，抱怨丈夫

平时没管教；婆婆又找茬儿了，老公却从不站在她这边……

还有一类常见的抱怨，有点儿无理取闹的意味。比如见丈夫回到家就闷声不响，女人会悲从中来，委屈得掉眼泪。男人不解："我没惹你呀！"女人就哭开了："你根本都不知道我在想什么！你没原来那么爱我了！"

女人为什么爱抱怨，汪冰认为原因是"男女有别"。从心理角度来看，女人比男人更需要关注，通常来说她们对情感的期望也超过男人。而在婚姻里，女人认为男人应该时刻关注自己，这就像她发了微信，希望有人给她点赞一样。除了求点赞，女人抱怨的另一个目的是希望能改造男人。抱怨一两次你还不改变，那就是抱怨不够，那么抱怨立刻升级成"海啸"。但是"海啸"一来，婚姻还能风平浪静吗？尴尬的是，有几个女人成功改造过自己的丈夫呢？

女人总会说："我这不都是为了他好吗？"出发点是好的，问题是当男人不接招，女人会长期陷入这种"恨铁不成钢"因而咬牙切齿的悲愤情绪里无法自拔。这就好比"一片冰心在玉壶"，而人家"玉壶"却不稀罕。常常"为了他好"的下一句台词，一定是"他如果爱我的话，为什么就不能为我改变一下呢？"。

但"为了他好"的背后，到底是为了谁好呢？

当孩子想要玩泥巴，妈妈不让的时候，妈妈们都会说"泥巴脏，把手弄脏了怎么办？"；而其实，背后的潜台词是"泥巴脏，你把自己搞脏了，给妈妈带来麻烦怎么办？"。所以，很多貌似"无私"的爱的背后，其心理动机往往是"自私"的欲念。这其中就包括女人希望男人在一些生活细节上放弃做"野孩子"，成为她的"乖宝宝"。"控制欲"是个听上去非常狰狞的词语，但是这头"小野兽"却潜藏在很多女人的心里。

对自己的男人管东管西的女人们"母性泛滥"，其实很多都源于童年时期不够和谐融洽的父女关系。如果父亲因为过分严厉，而没能让你有过撒娇亲近和为所欲为；如果父亲因为脾气个性不好，在家里像个"问题少年"一般令人头疼；如果父亲不疼爱母亲，而作为女儿的你一直愤愤不平耿耿于怀……那么，当你成家后，难免就有一种很想在异性面前"大权在握"的潜意识，这种潜意识常常会把你和伴侣的关系搞得令人窒息。你太想在异性面前证明你的可爱了，而他的"不听话"则会让你"到底自己是否值得被爱"的焦虑感加深。

但是，这种要追溯到原生家庭的心理动机，女人自己不容易发觉，作为她的丈夫，更不会明白。汪冰说，女人的确有太多抱怨的理由，抱怨的确能缓解她们的某些负面情绪，但是女人在抱怨之前，最好能先知道男人到底在想什么。

男人咋想的？其实他只想静静

男人到底在想什么？"女人爱抱怨，男人想静静。"汪冰说。

男人下班回到家，二话不说就钻进书房玩游戏，妻子把饭菜摆上桌了，三请四催他都不出来吃。"我和你一样辛辛苦苦上班，凭什么我做完饭了，你都不陪我吃？"男人会说："没人让你做呀，你上班就坐办公室，我上班是成天在外面跑呢！"

女人抱怨自己辛苦，那男人会觉得自己更辛苦；女人抱怨男人最近不关注她了，他会想"你都多久没正眼瞧我了"；女人抱怨男人挣钱不多，没能力买大房子和好车，男人也有抱怨："你要不天天网购买一大堆没用的化妆品，我们早就住大房子了！"

一句话，如果男人愿意倾诉的话，他也有一箩筐的委屈和伤心。当然，如果你抱怨男人又脏又乱，他可能会没话说，因为臭袜子乱扔、洗完澡后不拖地，本来就是一些男人的生活习惯。有些男人本来就是在狗窝里也能安睡到天亮的动物。

安静地玩会儿游戏、安静地吃个饭、安静地看会儿电视，这是很多男人的梦想。他们当然也觉得家庭重要，但不见得是期许婚姻质量很高，稳定就行。

但对女人来说，婚姻是解决存在感、幸福感的首要条件。所以，男人如果在外面有什么不开心，回到家安静地玩会儿游戏，没人吵他就是幸福；女人呢，唠叨和抱怨而且被回应和理解，才是她获得存在感和幸福感的前提。

有一个在很多家庭都会发生的场景。夫妻俩吃完晚饭，坐在沙发上看电视。男人这时候想要的是：妻子不说话，默默地把削好的水果放在他面前，之后你爱干吗干吗，只要不吵他看电视就行；女人咋想的？"亲爱的，你得搂着我""亲爱的，你能跟我说一句话吗"，看电视可以，但前提是得搂着她，和她聊天。

归根结底，这是因为男人和女人对婚姻的预期不一样。男人认为婚姻如果有 60 分就可以迁就着过，能打 80 分当然更好；但女人即使有 80 分，也会对婚姻有这样那样的不满。

在婚姻和家庭的选择上，女人觉得婚姻失败整个人生完蛋，换成男人，如果婚姻没有了事业还在，那么人生至少还有 40%。女人找老公希望是"高富帅"，男人找老婆的标准没那么高，如果老婆漂亮，不贤惠也行；如果贤惠能干，丑一点也可以。

女人会因为又脏又懒的细节大动干戈，男人其实不太关注细节。所以，女人对细节的过分关注，要么让男人觉得贴心，要么让男人抓狂——难道她就没有看到我的优点？难道不剪脚指甲会出人命吗？

汪冰说，当女人不断地抱怨诸多细节，比如因为对方把肥皂泡在水里而选择冷战的时候，男人感觉到的，只是这女人爱肥皂胜过爱自己，她简直是无理无脑，吃饱了撑的！女人的解读则完全相反，"他连我爱的肥皂都不在意，又怎么谈得上爱我?!"

这些生活细节的磨损，鸡毛蒜皮的升级，到最后就是大吵一架。但是很多夫妻间的吵架，到头来两个人尤其是女人，常常不知道为什么要吵这个架。

其实，婚姻里的男人常常不爱思考，所以他们不抱怨也不爱听抱怨。一心想改造男人的女人们，请记住，当你受不了男人的坏习惯时，有两个选择：一、接受你的生活标准比他高，所以你要付出更多；二、尝试改变他，但在以爱为前提的情况下，因为先有爱才有一切，而不是倒过来先让他改变才给他爱。别忘了，男人也在忍受你的缺点好不好？

好男人是夸出来的，他也许一天会犯 9 个错误，但不要错过他一个小小的进步，哪怕只是把衣服扔进洗衣机，你也应该表扬一下。男人有了甜头才愿意继续做个乖孩子，否则，他就会撒野。

抱怨没有用

女人爱抱怨、男人想静静的背后，其实都是想好好过日子，想婚姻更长久。但是，这样的搭配只会让动机和结局背道而驰。既然如此，那么更好的幸福方式，到底是什么？

汪冰说，首先，男人应该理解喋喋不休其实是女人爱他的表达方式之一。

所以，聪明的男人对于妻子的喋喋不休，既不能置之不理，也不能大为光火,聪明的做法是明确告诉她:"我能做到什么""我做不到什么"。

同时要让她知道:"即便有些事情我做不到,但我依然爱你。"告诉她:"我自知有些缺点改变不了,无以为报,只能和你终身相守。"

对于女性来说,要充分认识到抱怨的负面作用。比如妻子向丈夫抱怨:"我这么好一个女人,怎么就瞎了眼嫁给了你!""我一个人既工作又要照顾小孩多辛苦,你就不能搭把手吗?"女人以为男人会知耻而后勇,但男人尽管"知耻"了,根本不会"后勇",反而会认为你瞧不起他,不尊重他,是对他全盘的否定。

有的妈妈向女儿抱怨:"我是眼瞎了才嫁给你爸。将来你一定要找个好男人!"这种话对女孩的成长极为不利,她对男人的要求会出现偏执性,与此同时会对父亲产生矛盾情绪:"我觉得我爸挺可爱的啊""找我爸这样的男人当老公,是不是和妈妈一样悲催"。

当妈妈向儿子抱怨:"别跟你爸似的,不然将来娶不到老婆!"会削弱父亲在男孩心目中的权威,当这个男孩到青春期后,还会蔑视父亲。而在一个男孩的成长经历中,父亲常常是他的榜样。所以,向孩子抱怨丈夫是婚姻中的大忌。

无论是妻子还是丈夫,都别企图通过抱怨改变对方。汪冰说:"我经常跟那些听了别人离婚的消息,自己就不敢结婚的人说,结婚不是你觉得他（她）不会变才结婚，而是找一个愿意和你一起面对变化的人结婚。每个人都会发生变化，没人向你保证婚姻不会变化。所以结婚的缘由，不是因为你觉得对方永远不会变才在一起，而是觉得他（她）不会变太坏才在一起的。"

女人放下控制的欲望，不要什么都控制，放男人一马，少抱怨多沟通，少说话多行动，顺其自然地在一起。婚姻生活里，我们有时候要学会凑合。如果你嫌他牙膏挤得不够水准，比喋喋不休更有效的做法是：你早晚亲自帮他挤好牙膏。这个体贴的小动作，换来的不仅是他自觉意识的高涨，还会有一份被你关爱着的感动。

而人一旦被打动了，还有什么奇迹不能发生呢？唠唠叨叨地提要求，大多是为了自己好过；而默默无言的付出，是一份对自己的自信，也才是真的在爱。当然，假如你是男人，就请小便之后将马桶垫圈放下来吧！

有话好好说

抱怨没有用并不等于有话不能说。因为，沟通交流，是维持夫妻关系的基础。问题在于，怎么交流和沟通才不是抱怨？

汪冰说："有话好好说。夫妻关系中最可怕的是死不认错、死作。"一个男人回家晚了，会对妻子说"对不起，我加班回家晚了"。但女人一般接受不了这样的歉意，"对不起"有什么用？

你还是回家晚了！但如果男人说："让你一个人孤独地待在家里，我很抱歉。"女人就会接受。有的男人也会觉得委屈："我加班还不是为了这个家?!"但是，婚姻关系不能以你如此付出就理直气壮为相处模式，适当的妥协和宽容才能让婚姻幸福。

夫妻亲密关系是一个人的修炼，两个人的关系。当对方达不到你预期的时候，你就得调整自己了。如果对方情绪低落，你就得引领他。一个幸福家庭的因素是：尊重、感恩和交流。而这些，其实都能通过好好说出来做到。

尊重。允许他以他的样子真实地在家里展示和存在。如果先生下班到家后，特别想玩会儿游戏，那就告诉他："你玩一会儿游戏吧，我也做点我自己喜欢的事儿。"让他安静地玩，别在他玩游戏时故意收拾家里，一直一直地收拾。如果两个人都能在家里放松、彻底地释放真实的自己，而且还能彼此尊重对方的习惯，婚姻就是和谐幸福的。

感恩。一个从不对妻子表达感谢或爱意的丈夫，某天突然说了句"我能娶到你真好！"妻子没准儿马上逼问："你背着我做什么坏事了？"汪冰说，很多夫妻尤其是老夫老妻，会觉得感恩是很做作的事儿，其实换种方式就很自然。比如正吃着饭的丈夫对妻子说："你今天炒的菜色香味俱全，我看得出来你特别用心。"当丈夫好不容易打扫了房间，妻子惊喜地说："你怎么把地扫了？真好！"

交流。汪冰说，当然夫妻交流时避免不了抱怨，但即便是抱怨式的交流，我们也要很艺术地表达出来。汪冰推荐 "我"表达法，就是每句话都要以"我怎样"结束。妻子抱怨"我一说话，你就打断我""吃完饭你从来不收拾""你再加班，就别回来了"，这样的"你"表达法都是指责对方自私，有自己的无端猜测，显得很没礼貌。正确有效的方式是："你刚才打断我说话，我挺生气的。""吃完饭后你从来不洗碗，这让我觉得很累。""你老是加班，我一个人在家挺孤单的。"这样的"我"表达方式就很有效。

无论是夫妻还是父母和子女间，沟通交流的大忌都是胡乱猜测，正确的做法是先说出观察到的事实，然后道出自己的真实感受。比如有的孩子上完厕所忘了关灯，妈妈会指责："你怎么又不关灯？"正确的说法是："我看见厕所的灯没关，我不知道是不是你忘了？"或者是："妈妈看到你上完厕所忘了关灯，我希望你现在把灯关掉。"

汪冰特别欣赏婚姻治疗大师约翰·戈特曼的观点。对方在观察2000对夫妇后发现，在幸福的关系中，不是没有负面情绪体验，而是积极的情绪互动（微笑、触摸、赞美、欢笑）与消极互动（讥讽、反对、侮辱）的数量比至少为 3.5：1。

汪冰说："让夫妻关系和谐幸福的最有效方法，就是学会欣赏和感激。被爱是一种能力，源自对自我价值的认可，源自对爱我们的人的欣赏和感激。不抱怨，好好说出来，婚姻就会很幸福。"

4

采访人：**田祥玉**

采访对象：**史宇**，北京师范大学心理学硕士，武警总医院急救医学中心主任心理医生，国家二级心理咨询师，中国心理卫生协会会员。中央人民广播电台、北京交通台特约心理专家；CCTV12《夕阳红》《心理访谈》、北京电视台《谁在说》、湖南卫视《越淘越开心》、旅游卫视《看今天》等众多节目心理专家。

观点：以"80后"为代表的"我一代"有着"我的婚姻我做主"的鲜明个性。因为离婚成本低，遇到点问题就拜拜了事，宁愿离婚也不做出改变，于己于人都是自私和不负责任的。

婚姻从不是一己之欢

离婚成本越来越低，"拜拜"真能了事吗

　　2013 年，中国有 365 万对夫妻离婚，平均每天有 1 万个家庭解体，中国离婚率已经连续 10 年递增。"80 后"心理专家史宇说，在离婚大军中，"80 后"占了主力，而且多数离婚属于冲动型，因为鸡毛蒜皮的小事儿。当婚姻触到暗礁，想的不是如何解决、修补，而是直接拜拜了事，是"80 后"离婚率高的主要原因。

　　宋女士今年 35 岁，正在与第四任丈夫闹离婚。都说事不过三，宋女士很清楚这点，但是她觉得每次决定结束一段婚姻都有非离不可的理由。

　　她说她所遇到的男人，都是因为她爱好文艺才喜欢并和她结婚，可一旦走进婚姻却又不让她再搞文艺。四段失败的婚姻直接或间接与此事有关，宋女士很困惑，究竟是命运捉弄，让她遇见的所有男人都一个样，还是爱好文艺的女人根本就不适合结婚？

　　史宇说，按照宋女士的描述，结婚前后男方的变化，相当于对女方要求的一个转变。也就是说，婚前女方能够吸引自己的特

质，变成了婚后无法接受的缺点。她四次婚姻屡屡出现状况，问题就在于自己既没有亮明身份，对方也没有想清楚自己的需求。

可能有人会问了，宋女士婚前就热爱文艺，这样还不算亮明身份吗？那是因为婚前和婚后的角色发生了转变，作为男友，女友爱好文艺，经常在外面跳舞、唱歌会觉得很有"面子"，但是作为丈夫，需要妻子照顾自己和家庭更多一些。依然沉迷于唱歌、跳舞的爱好，不愿为家庭付出和改变的话，就会削弱作为妻子的功能。

当然，婚姻失败，男人也有责任，谁说在婚姻里女方必须放弃自己的爱好，一味地服从丈夫？在这几段婚姻中，宋女士不愿在婚后调整家庭与爱好的比重，而四任丈夫也坚持自己的想法，不想改变或调整。如果未来宋女士仍然不愿意改变自己，继续把文艺当作自己的头等大事，那等待她的将会是第五次、第六次离婚。

一般来说，像宋女士这种抱着"换了一个人就会幸福"想法的人，在职场上也极容易跳槽。一个婚姻都没弄清楚的人，即便事业做得出色，也无法在内心获得真正的幸福感。因为他的人生态度是僵化的，根本不具备体验和创造幸福的能力。

其实，很多夫妻离婚，并非是因一方出轨这样的大事，很大一部分都是因鸡毛蒜皮的小事。丈夫挤牙膏习惯从管口挤，妻子觉得从尾部挤更节省，结果夫妻俩谁都不服谁就要离婚。孩子生病发烧不想上学，丈夫觉得没有大碍可以上，妻子认为孩子想休息那就请一天假。结果丈夫硬把大哭大闹的孩子送到了学校，还没到家妻子就打电话："你楼下等我，咱们直接去民政局离婚！"稍不顺心就拜拜了事，说明夫妻一方或者双方都太坚持自我，死要面子，从不为对方考虑。

而"拜拜了事"的原因，很多未必是不再爱了，而是在当下，谁也不肯让谁，话赶话说到了"离婚"。即便闹到离婚也要固执己见不愿低头，孩子的幸福、双方父母的感受，甚至离婚后的懊悔不舍，他们根本无暇考虑。

这就像有对夫妻冲动之下去民政局把婚离了，刚离完婚男的就大骂：这离婚手续太好办了！离婚前不自我反省、互相沟通，反而责怪离婚手续太好办，令人啼笑皆非。

史宇认为：这源于他们对婚姻的心理期待值高，注重自我感受和自我安全感，宽容少、物质要求高。

坚持自我互不相让，最后闹到离婚，还有很大一部分原因是现在的离婚成本越来越低。史宇认为，我们父母那一代离婚成本很高，这个成本除了离婚后独自居住、养孩子和生活的物质条件匮乏外，还包括离婚几乎要以人品尽毁为代价。

那时人们不容易找对象，要找基本都是同一个单位或经人介绍，可选择范围很小；再者，当时的交通条件不便利，以北京为例，从西四环到南四环要骑大半天自行车，所以很多人找对象就在家附近找。

现在呢，社会飞速发展，异地恋也不是问题，科技、交通发达的时代，两人要聊天、见面都很容易。"找伴侣的范围大大扩大的同时，就不会太在乎失去一段婚姻，因为我们会觉得可以找到更好的。"史宇说。

离婚成本大，彼此就会在婚姻里更多地迁就对方、为对方改变，一旦出现问题后齐心协力地努力解决，所以父母那一代离婚率很低。

如今离婚，首先与人品关系不大。其次，步骤简单方便。这就像家里的彩电坏了，与其找师傅修，还不如扔掉后去买台新的更划算。因为买新彩电和修旧彩电价格相当，而且前者还会带来更多的附加值。

但离婚成本低只是表象，从心理层面上来说，不再努力修补感情漏洞，干脆选择离婚了事，是因为我们认定："自己之所以跟某人相处不好，问题出现在对方身上。"

就像四次离婚的宋女士，当一段感情出现问题，都会选择给自己找合理化解释："是对方不够好。"实际上这是出于本能的自我防御和保护，因为只有这样，我们的焦虑情绪才能得到缓解。太过自我防御和保护的人，是不愿意为美满婚姻反省和改变的。

婚姻里的那些"糨糊逻辑"

前段时间网上有一条新闻：高速路上，夫妻俩因为琐事大吵，妻子抱着孩子赌气下车，丈夫则赌气开车离开，妻子在寒风中走了两个多小时，丈夫才回来接她。最后两人回到家，妻子就要离婚。她的理由其实很"糨糊"："你就是要无条件爱我，即便我把你气死，你也不许翻脸！"

这则新闻出来后，大多数人都谴责丈夫太冷漠无情，但史宇说：女人有错在先。"大吵一架满脸狰狞，谁还会觉得你可爱？"换个立场想想，丈夫如果彻夜不归，回到家还不跟你解释，你还会爱他爱得死去活来吗？

史宇说，考验一个人是否爱你，一定要在对方心平气和时。因为，吵架后的彼此，都会满腹委屈、愤怒。试想，孩子满地打滚，不听话犯浑时，被弄得情绪崩溃的你还会满脸堆笑地对孩子说"宝贝，我爱你"吗？

你撒泼耍赖面目狰狞，而且对方也被撩拨得情绪崩溃，哪有心思发现你的可爱（照照镜子，其实你会发现自己一点都不可爱），并马上调整情绪向你示爱呢？

在婚姻关系中，很多人擅长给自己编织一个因果关系："因为我这样了，所以你必须那样！"这样的"因果关系"根本站不住脚。因为，男女的行为模式和思维习惯有大不同，这种不同因为男女生理机能的本质区别，并不会因为婚姻发生根本性改变。

如果"这样做婚姻才幸福"都有一套公式，男人和女人的公式注定是不一样的。公式不一样，各自认定的"因果关系"肯定有区别甚至完全相反。女人认为"因为我这样了，所以你必须这样"，男人却觉得"因为你不喜欢这样，所以我才背着你做这样的事"。也许，夫妻一双或双方的"因果关系"都站不住脚。

有对小两口刚刚结婚不久，因为洗脸、刷牙的先后顺序不同又不可调和，最后吵着要离婚。丈夫每天起床后，习惯先刷牙后洗脸，而妻子则恰好相反，喜欢先洗脸后刷牙。

这么小的事，怎么会闹到离婚的地步？那是因为夫妻俩各持一套"糨糊逻辑"，按照这个"糨糊逻辑"，把小事闹大了觉得非离婚不可。

何为"糨糊逻辑"？顾名思义，就是不切实际的思维方式和逻辑习惯。很多人在婚姻里都有一套"糨糊逻辑"。那么，这对因为刷牙、洗脸习惯不同而闹离婚的夫妻，是怎么使用他们的"糨糊逻辑"的呢？

首先，妻子认为丈夫那样的习惯不好，应该像自己一样。但谁说一定要先洗脸后刷牙的？丈夫呢，坚称自己20多年一直都是这样，并且他的父母也是这样，所以根本不值得妻子大惊小怪，所以他打死也不会改。

夫妻俩谁也不让着谁，到后来越说越拱火，妻子气愤得不行，骂丈夫"家教不好，你爸妈都不咋的！"。小两口吵架牵连家人，男人也火了："我们俩的事儿扯我爸妈干吗？"女的说："我也不想扯你父母，但你不是老说我什么事儿都不想你爸妈吗？"

女的越说越来气："当初那么多人喜欢我，我为何偏偏瞎了眼嫁给了你！"男的也火了："我天天在外累死累活赚钱养家，你还想要什么？"

最后，两人几乎不约而同："既然这样你为何要跟我结婚？离婚算了！"

这对夫妻的婚姻里充满各种"糨糊逻辑"："我认为是这样的，但你没这么做。""我没问题，都是你的问题！""你家人跟我没关系，但我家跟你有关系！"两人脑子里都有一套"真理"一样的公式，既然对方和我是夫妻，那必须按我的公式来……

诸如此类，公说公有理，婆说婆有理，双方都按照自己的"糨糊逻辑"来，夫妻关系当然搞不好。

美国《时代》周刊曾针对中国"80后"婚姻状况撰文："他们婚姻破裂的主要原因在于过分'自我'。"史宇很认可这个结论，《时代》周刊还将这种现象命名为"Me Generation"，意即"以自我为中心的一代"，简称为"我一代"。

"我一代"过分关注自我的体验和感受，强调自我。而夫妻关系强调的"相互"和"共同"，是要把婚姻双方合二为一，形成一个共同体。可见"我一代"的婚姻态度与婚姻的本质是相互背离的。

无论是因为离婚成本低，从而懒得修补婚姻选择草草离婚的人，还是在婚姻里固执地坚持"糨糊逻辑"，而导致婚姻岌岌可危的人，他们其实都是典型的"我一代"。当婚姻产生矛盾成为必然，如果没有及时合理解决，出现各种问题甚至因此分道扬镳便在所难免。

那么，"我一代"的婚姻又该如何修补呢？

"我一代"如何修补婚姻

有两个很有意思的"我一代"小故事：

故事一：天气转冷，夫妻俩一起出门上班。走到半路，妻子突然大发雷霆地质问丈夫："天气这么冷，你为什么不让我多穿件衣服？"

妻子沉浸在"丈夫不关心我，不疼我"的气愤中无法自拔，根本没发现同样穿得单薄的丈夫也冻得瑟瑟发抖。

故事二：妻子出去和同学聚会，丈夫隔半小时打一个电话。打到最后妻子手机没电了，加上回到家晚了点，丈夫大发雷霆，认定妻子心中有鬼，故意关机不接他电话。

史宇说，你怎么能责怪一个连自己都不爱的人，会是事无巨细地爱你的暖男？妻子外出聚会，你一会儿一个电话，既不尊重她，也没有选择合适的时机，所以她不接在情理之中。

而史宇接待的离婚咨询案例中，很多人都像这两个人一样认为："他（她）那么爱我宠我，婚后一定会接受我的改造，变成我希望的样子。"

他们的共同误区是：婚姻是"我""你"各自的事，而不是"我们"两个人的事。这导致他们在婚姻里彼此不愿意沟通、互动，凡事都以自己的想法来，而对方如果有不满就会抱怨、指责。

全球著名的婚姻研究专家约翰·戈特曼在他多年的研究中发现，高质量的婚姻不是没有问题，而是积极的互动（鼓励、赞美、拥抱等）超过了消极的互动（批评、指责、不理等），这个起码比例是 3.5∶1，幸福美满的婚姻通常能达到 5∶1。当这个比例降到 1∶1 以下的时候，可能就处在离婚的边缘了。

这样看来，凡事以自我为中心，稍不顺心就批评、指责对婚姻于事无补，幸福婚姻需要磨掉彼此的棱角、个性，做一些适当的妥协和迁就。

以文章开头出现的宋女士为例，如果她继续关注自己的爱好，而不愿意为对方做出妥协和改变，这辈子都可能无法拥有幸福婚姻。

正确的做法是，她要正视自己的焦虑，敢于自我剖析，发现自己在婚姻中的问题：比如我在唱歌、跳舞时，是否忘记已为人妻的身份，和其他异性过于暧昧？我是否经常因为唱歌、跳舞，连家都来不及收拾打扫？是否很少给丈夫做饭或关注他的所思所想？

总之，宋女士要想获得美满婚姻，就应该不时反省："我在坚持自己的文艺爱好时，尽到了作为妻子的责任了吗？"

男人对婚姻也有期待："我娶这个女人，不是要天天去唱歌、跳舞，带出去撑面子，而是要过实在日子的。"女人同样对婚姻有期待。如果一个爱好写书法的男人，每天都会花几个小时写字，而且写得相当漂亮，但他为了写书法，从不陪伴孩子、很少和妻子聊天谈心，更别说为这个家出力的话，妻子还会支持他写书法的爱好吗？当然不会。

但是否可以说，每个人走进婚姻后，都应该放弃自我，全身心扑在家庭和伴侣身上？答案当然是否定的，没有自我的婚姻同样苦不堪言。史宇说："当你照顾到了家人，尊重对方，并承担了自己的责任后，再去做个人喜欢的事情——去唱歌跳舞、写毛笔字甚至登山探险，真心爱你的人，一定都会给予理解和支持。反之，'自我'就只能是'自私'的代名词，两个人越来越渐行渐远。"

也就是说，宋女士依然可以唱歌、跳舞，但前提是和丈夫保持沟通交流、分担自己作为妻子的分内事；爱写书法的男人呢，可以每天写几个小时的字，但写之前或之后，一定要花时间陪妻子、孩子，担负起一个丈夫、父亲的责任，尽可能多地为这个家出力。

如此，既坚持自我又顾及伴侣和家庭，懂得"我"不是独立的一个人，而是为了共同的幸福目标"合二为一"的夫妻俩的"我一代"，一定能将婚姻进行到底！

第三章
疗愈受伤的亲密关系

我 们 行 走 的 每 一 步 ， 都 决 定 着 亲 密 关 系 最 后 的 结 局 。

////////////////////

>>> 李 子 勋 / 骆 宏 / 柏 丞 刚 / 朱 建 军

1

采访人：**付洋**

采访对象：**李子勋，**中日友好医院心理医生，首届中德高级心理治疗师培训项目学员。中央电视台《心理访谈》《实话实说》等栏目特邀心理专家。作品有《家庭成就孩子》《婚姻的烦恼》《心灵飞舞》《陪孩子长大》《根源舞》《问问李子勋》《你在为谁而活》等。

观点：在婚姻中，困境随时随地都可能出现，关键是你是否认为它是困境，用什么心态来面对。调整对婚姻的期待，做个可爱的人，能够帮助你面对困境。

亲密关系中所有的问题都来自于你的期待

在婚姻中，我们经常要面对哪些困境？这些困境，是由什么原因造成的？我们要如何整理自己，才能走出困境？

被先生当成妈，是很多太太面对的婚姻困境

李子勋说，很多先生会把太太当成妈。一方面，男性有恋母情结，本能地排斥父亲，依赖母亲，投射到婚姻里，表现为对太太既依赖又控制。另一方面，中国有些男性缺少长期独立的生活，渴望太太像母亲一样照顾自己的生活。

从心理学上，一个男人至少度过 15 年不需要父母介入的独立生活，他的人格才是独立的。在中国，有些男人工作后，还要妈妈帮忙洗衣服；谈恋爱，必须征求妈妈的同意……

离开妈妈的照顾后，男人也就经过两三年的独立生活，便进入另外一个女人的怀抱。要么是到了太太的怀抱，要么就是不停地换女朋友。女朋友像跑接力赛似的，拿过接力棒一个接一个地照顾他，直到他最终找到一个女人结婚。

由于缺少长期独立的生活，中国一些男人常常会无意识地把太太当成妈。在中国，2/3 地区的家庭都是女人在掌权。无论先生在外面做了多大的官，回到家里都得老老实实地听太太的安排。

于是，被先生当成妈，是很多太太会遇到的婚姻困境。有一对夫妻就是如此：先生的父亲在外地工作，长期在家庭中缺席。他从小是和母亲、姐姐一起长大的。由于是家中唯一的男孩子，他备受母亲和姐姐的关爱。长大后，他和一位温柔而坚强的女性结婚。

但问题是，这位太太并不希望像照顾儿子一样照顾丈夫。她从小父母离异，跟着父亲和弟弟一起生活，扮演着母亲和姐姐的双重角色。表面上，她性格很独立，生活能力也很强，但是内心却极度渴望被呵护。结婚后，面对一个不做家务、不懂得照顾人的先生，她对婚姻感到很失望，而且很累。

"把太太当成妈"的先生，习惯在和太太沟通时，用应对母亲的方式来应对太太，比如沉默和逃避。在传统文化里，女人要相夫教子，母亲教育孩子的时候比较多。同时，中国文化提倡敬父孝母，会对母亲非常忍让。

很多太太和李子勋抱怨过类似的话："你不能攻击他妈妈，一攻击他妈妈，他这个人就浑了，不讲道理了。你要说他爸爸，他还能比较客观。"

所以，在小时候，男人尽管被妈妈教训时心里很不服气，但会习惯性地"不争"，用闭嘴的方式来应对母亲的批评。结婚后，他也会选择"闭嘴"。

另外，在小时候，男人也经常会和妈妈运用一种斗争策略——反抗不了，我就躲！妈妈命令儿子回家做家务，他放学后干脆不回家了。结婚后，先生对太太也使用这种策略：你说什么，我都无所谓；惹不起你，我还躲不起你吗？

先生回避矛盾，其实也是在保护自己，不想自己出糗。很多男人，生完气后会瞧不起自己。尤其是那种比较重视体面的男人，最讨厌把自己返回到一种低文化的状态里，他需要维护男性的自尊。

沉默和回避都是一种可怕的力量，因为这意味着拒绝沟通。如果长期在经济、教育等家庭建设方面，拒绝与伴侣沟通，不把对方看成是自己的家人，那么感情就会渐渐消亡，直至在心里恨不得对方去死，诅咒对方，这样的婚姻都属于濒危婚姻。

面对这种婚姻困境，最重要的是要澄清：先生是不是把对妈妈的期待投射到太太身上？先生反抗太太，是不是其实是在反抗母亲？太太对先生的愤怒，是不是源于童年时被压抑了的创伤体验？通过梳理原生家庭对夫妻双方的影响，让彼此意识到双方之间的矛盾根源，看到改变的可能性，夫妻俩就有可能走出婚姻的困境。

想走出婚姻困境，必须调整期待

李子勋认为，婚姻中有很多困境，是由夫妻双方不合理的期待造成的。

比如，对经济状况有期待是正常的，但期待不能超越对方的能力或底线，让对方根本无法实现。先生月薪只有 5000 元，太太却希望先生在北京买一套 1000 万元的房子！除非先生中了彩票，否则这是不可能达到的。这时候，太太的期待就是不合理的期待。太太可以调整自己的期待，贷款买个 100 万元的房子，也可以选择离开婚姻。最糟糕的状况是，既留在婚姻里又要不停抱怨，那婚姻就会进入困境。

有一位先生是名牌大学毕业，进入国企工作。由于公司论资排辈，他的同学都已经升到处级了，只有他还是科级。太太特别恼火，给他下了最后通牒："今年你要再提不了处级，我就跟你离婚！早知道这样，就不嫁给你了！"先生也很恼火："你怎么这么现实？只能同甘，不能共苦，我当初是看走眼了！"

夫妻俩是自由恋爱，不是包办婚姻，没有人逼他们说 YES，这完全是他们自己的选择。或许这个选择不那么完美，但他们也是经过比较和思考，并且对对方有一定好感的。否则，为什么不从大街上随便拽一个人结婚？所以，他们都要为自己的选择负一点儿责任。

决定对自己的选择负责之后，就要调整对伴侣的期待。先生期待太太能够和自己同甘共苦，一起面对生活的困境。但是他需要明白：同甘共苦是婚姻关系的一种理想境界，能够达到这一境界，都是经历过很多坎坷和磨难，然后共同成长的结果。在面对婚姻困境时，太太流露出沮丧、不满、悲伤的消极情绪也是很正常的，但这并不意味着她就不爱先生，或者不要这个婚姻了。太太有提出诉求的权利，因为与爱情不同，婚姻是一个经济共同体，一方很努力，而另一方懒懒散散地活着，对家庭没有贡献，谁的心理会平衡？

先生可以从两方面改变：一方面，保持一种积极的工作状态，让太太看到自己是在认真地为婚姻努力着；另一方面可以更加关心呵护太太，更好地陪伴和教育孩子。很多太太如果生活得很滋润，就不那么在意先生的工作表现了。

同时，太太也要调整自己的期待。职位晋升涉及社会因素，不是先生个人可控的，超出了他的能力范围。太太可以把期待从"职位晋升"调整为"希望先生保持一种进取的状态"。他的工作态度有没有变得很积极？有没有努力地学习和进修？这些东西都是先生可控的，也是太太能够看得见的。

调整期待后，太太可以给先生半年时间去努力。至于能不能升职，顺其自然就好。与此同时，先生对太太不满的一些地方，她也要做出相应的改变，只有这样，先生的改变才能够持续下去。

李子勋帮助这对夫妻调整期待后，不仅先生的工作态度更加积极，太太也做出了很大改变。最后竟然主动把家里的积蓄拿出来，支持先生辞职去读MBA。在MBA班里，有很多同学是企业的老板。先生才读了半年，就被一家合资企业的老板聘走了，而且他对新工作充满兴趣和热情。结束咨询时，这位太太幸福地说："看见他很有朝气的样子，我就对未来充满希望！"

有的不合理期待，是把婚姻置于生命权之上。比如，有的先生要求太太辞职，理由是："我们总得有一个人来照顾家。"太太的工作很好，而且想在社会上实现自己的价值。因为彼此的分歧难以调和，婚姻陷入困境。有那么多社会资源可以利用，为什么一定要太太不工作？先生其实是把太太放在了一个从属的地位上，所以理直气壮地要求太太为家庭做牺牲。

李子勋一直认为，在中国全职太太是一个高风险的选择。如果女人对男人的财产没有掌控，那么家要成为自己的家只是一种美丽的幻觉。万一老公移情别恋怎么办？转移财产怎么办？

何况，目前社会的支持度也远远不够。太太在家多年后，出来还能适应社会吗？

李子勋早年在瑞典斯德哥尔摩市政厅遇见过3个人申请一份秘书的工作，一个是硕士，一个有工作经验，而另外一个是41岁的全职太太，她一手带大了3个孩子，学历普通，也没有工作经验。最后，市政府把工作岗位给了她，理由是她给国家养大了 3 个孩子，重返社会工作应该给予优先。试想想，在中国，一个 41 岁没有工作经验的女人，想找到一份理想的工作何其艰难！

再比如，太太喜欢旅游，先生要求太太必须在家里陪他；先生喜欢和朋友们去看球，太太不许他看……他们找不到边界，不是把伴侣当成一个独立的人，而是把对方当成自己的私有财产，想牢牢地控制对方，自己也不快乐。因为在婚姻中，谁对对方的期待过大，谁就是被动的。因为，你的快乐就是受制于对方愿不愿意满足你。

需要明确的一点是：我们的生命都是独立的。只要能满足婚姻最基本的诉求：经济支持、性的满足、家庭责任、抚养孩子……就可以在婚姻中主张自己的生活方式。婚姻是什么？婚姻是在生命权基础上缔结的一种社会关系。结了婚，我们就有权剥夺伴侣的生命权吗？我们就有权要求伴侣换一个样子生活吗？

在美国，婚姻治疗经常使用的"婚姻帮助计划"中，第一步就是调整不合理的期待，让夫妻双方从可行、可改变的地方率先开始改变。

改变可以是一些很细小的事情。比如，不要在家里抽烟，不要把臭袜子扔在厕所里，不要熬夜打游戏……

帮助计划可能有很多步，涉及个人因素和外部因素的改变，最终让夫妻达成一个协议，并且写在书面上。心理医生每两周或每个月回访的时候，进行督促和支持，最后让处于困境的婚姻回到正常化。

你认为是困境，它才成了困境

李子勋说，所谓婚姻困境，往往是认为婚姻有困境的人的"困境"。也就是说，你认为它是困境，它才成了困境。我们真正的困境不是来自外部的压力，而是在不断变化的社会里，始终保持一种固化的心态。

随着文明和社会的进步，职业女性越来越多。有些男人娶了职场女强人，总觉得太太性格强势，自己面子上过不去，给太太找麻烦。婚姻是双赢的，只要先生认同太太的能力，太太尊重先生的付出，双方保持家庭的平衡，幸福是可以实现的。

相反，如果先生心态不对，不尊重感激太太的付出，那么，再温柔的太太也会被逼成怨妇和母夜叉，因为在她心里，这个男人不值得被她温柔对待。

随着东西方文化的碰撞，大家对爱的理解也在发生变化。很多中国女人为了老公和孩子无怨无悔地牺牲。西方的观点是：杯子里要先盛满对自己的爱，溢出去的部分再去爱别人。所以，在今天，如果女性坚持用奉献自己的方式来爱别人，很可能会碰壁。

最典型的例子是：一个美国先生娶了一个上海太太。他们的婚姻困境是：太太认为自己是全中国最好的太太，但先生总觉得太太低自尊。

太太对先生确实非常好，每天早上5点就爬起来，给先生熨西服，做早饭，亲手给先生打领带。先生说："你做的一切，我都很感激。但是我希望你对自己也好一点儿。穿好衣服，化个淡妆，用很好的面貌出现在我面前，这是对你自己的尊重，也是对我的尊重。"

太太只要有什么好吃的，都会给先生留着，自己舍不得吃。先生也不认同："你觉得这个东西好吃，就应该先吃！你为什么不肯吃呢？"太太说："我把我认为好吃的东西都给你，是因为我爱你，我觉得它好。"先生说："可你认为好的，我不一定认为它好啊！你征求我的意见了吗？"

在先生看来：只有太太善待自己，她的好他才可以接受。否则，太太的好会让他非常难受。

如果能够改变对婚姻的固化心态，接受婚姻的不同呈现形式，那么，很多困境就不是困境。婚姻是一种复杂的社交关系，任何关系都不如婚姻关系复杂。心理学研究的人情世故、爱恨情仇，婚姻里都有。

所以，心理学家不会说哪种婚姻是理想的婚姻，因为婚姻可以有很多种类型。就像周瑜打黄盖，一个愿打一个愿挨，只要夫妻双方都接受的婚姻，就是理想的婚姻。婚姻像生命一样，在不同的阶段会呈现出不同的样子，肯定酸甜苦辣都要经历。如果没有经历过，那就不算一个真正的婚姻。

在婚姻里，也没有人是专家。娶了不同的女人，就会过不同的生活；嫁了不同的男人，就选择了不同的存在方式。哪怕结了100次婚，也只代表你知道了100个人。和第101个人结婚，你仍然不知道婚后会发生什么！

尤其是女性，如果认识到婚姻只是生命的一部分，生命还有很多选择，那就不会陷入困境之中不可自拔。加利福尼亚的女权者曾经对女同胞说过一句话："房子是你的，生活是你的，孩子是你的，婚姻也是你的，男人只是帮你实现生活目的的那个助手。"

婚姻很重要，但并不是生命的全部。要相信自己的过去已经竭尽全力，相信现在自己还在温柔地坚持，相信未来自己会很珍惜，生命就必定是一条自我完善之途。

李子勋特别欣赏身边一对夫妻的选择。太太是外企高管，先生因为不会应酬，一直郁郁不得志。他和太太、朋友还比较爱说话，但是和外面不熟的人，一句话都说不出来。生性耿直，不会来事儿，讨厌拉关系，不抽烟不喝酒不打麻将不玩游戏……大家都认为他是一个"怪人"。太太的收入足以养家，后来夫妻俩一商量，先生决定辞职在家带孩子。

后来，夫妻俩移民到美国。太太生了3个孩子，先生在家照顾孩子7年，孩子们都活泼可爱，性格很开朗。在家期间，先生也发展出了适合自己兴趣的工作。太太真心尊重和感激先生对家庭的付出，夫妻俩的感情非常好。

另外，我们都要努力做一个可爱的人，时时刻刻发展自己。想做一个可爱的人，必须学会爱自己。因为，人都是在对自己的好中，训练出对他人爱的能力。无论是男人还是女人，如果对自己不够体贴，又怎么可能会体贴别人呢？如果不尊重自己，又怎么要求别人尊重你？爱自己的人知道"我是谁"，就不需要从伴侣身上，去看到我自己；就不用通过对方满足自己的期待，来实现自己的快乐。当身心都处于一种很和谐的状态，即使面对问题也有办法解决，不会让婚姻陷入困境之中。

2

采访人：**田祥玉**

采访对象：**骆宏**，心理学博士，精神医学主任医师。浙江理工大学心理学系教授，博士生导师，专注焦点解决模式 10 余年。

观点：生活中每个人都会产生各种负面情绪，如果人们把注意力不聚焦于负面情绪本身，而是去寻找其背后的积极意义，那么，不好的就会变成好的，不快乐也就会变得有意义。

如何处理不快乐

谁都希望事事顺心，天天快乐。但是，无论是在外打拼事业和人生，还是经营婚姻和家庭，我们常常会遇到诸多的困难和不顺，心情也就会随之变得不快和郁闷。

全身心地疼爱和照顾着的孩子，却总是不听话、成绩糟糕，你能不上火吗？恋爱时百依百顺的伴侣，结婚后就变了个人似的，你能不难过伤心吗？父母年纪大了，身体每况愈下，作为子女的我们，要怎么做，才能让他们舒心快乐？于是我们更加专注于如何解决这些问题，但常常发现，越关注越乱。

心理学专家骆宏却反其道而行之，建议人们不要再将注意力聚焦于问题本身并因此不快乐，而是后退一步，去发掘问题背后的善意、好的方面，反而能突破乌云，冲上云霄，让自己和家人更能感受幸福。而这就是他一直在研究的焦点解决模式。

焦点解决模式是在积极心理学背景下发展起来的一种充分尊重个体、相信其自身资源和潜能的心理咨询技术。它把解决问题的关注点，集中在当事人的正向方面，并寻求最大化地挖掘个体的力量、优势和能力。

问题的焦点：不是问题本身，而是背后意义

2014 年 9 月 12 日下午，在中国科学院心理研究所初见骆宏，他就给记者上了一堂焦点解决模式的启蒙课。

"你今天迟到了半小时，我的计划因此也打乱了。按常理，我应该因为你迟到而不高兴甚至责怪你。但其实我不会发牢骚，而是想你为什么会迟到，这其中一定有原因：单位临时开会、来的路上很堵或者你有更重要的事。这样一想，我就不会郁闷了。而且我还会想：你事先给我发了要迟到的短信，见到我后马上问我，是否打乱了我的安排。这样一来，我就完全释然了。更进一步，周末你完全可以回家陪孩子而不来采访我的。也就是说，你迟到这件事的背后，其实是有善意的。"

"你看，这就是焦点解决模式。"骆宏接着说。记者突然释然、轻松了许多。在中国心理学界，骆宏算得上接触、推广"焦点解决模式"的第一人。正因为此，他被同行戏谑为"焦点解决疯子"。因为无论是工作还是生活、客户还是家人，他越来越习惯于运用焦点解决模式，尤其是在处理和女儿的亲子关系上。

女儿上小学二年级时，参加了一次演讲比赛。因为是和另外

一个同学 PK 唯一参加学校比赛的名额，小姑娘准备了很长时间。但最后，她被同学 PK 掉了。

那天放学回到家，女儿向骆宏抱怨："同学得了 22 票，我才得了 4 票！真郁闷！我真的有那么差吗？"换成其他父母，会如何应对孩子失败后的沮丧情绪？可能是和女儿一起郁闷、抱怨，或者笑话她竟然只得了 4 票，再或者说一句："没关系，下次再努力！"

总之，都是放大演讲输掉了的各种不好的方面，"得了 4 票"的成绩却完全被漠视。这样做，只会打击孩子的积极性，令其长时间沉浸在负面情绪里，甚至从此对演讲比赛提不起兴趣。

骆宏怎么做？他说："放大好的方面，让不好的变小。"他对女儿说："哇！虽然比赛输了，但你也得了 4 票，这说明有 4 个人认可你。那么，你觉得，这 4 个人认可你什么呢？"

但扩大好的方面并不容易，女儿依然很郁闷："人家得了 22 票，我才 4 票。我有什么值得认可的地方？"

骆宏却不气馁，继续引导女儿，去发现这件看起来很糟的事情背后的正面意义。他问女儿："爸爸想知道，得了 22 票的那个同学，有什么是值得你学习的？"女儿的负面情绪被成功转移。她说："她挑的故事很好；演讲时，她手舞足蹈，大家听得乐呵呵的；她没忘词，时间也掐得很准……"

孩子说出了同学的很多优点。骆宏肯定她的发现，说："你很棒,从别人那里吸取了很多优点。所以说,这次比赛虽然输掉了,但你却有很大收获。下次再参加比赛时,你一定会表现得很棒!"女儿听完父亲的话后,一扫刚回家时的沮丧,竟然开始兴奋地憧憬演讲获胜要如何做,获奖后如何上台领奖了。

骆宏说,我们常常不知道如何正确处理亲子关系,在面对孩子这样那样的问题时,着急上火,批评先行。其实这样做,对拉近亲子关系以及孩子的成长都于事无补。因为,我们搞错了真正的焦点。

孩子有问题了,我们是应该聚焦问题和问题带给孩子的负面情绪,还是问题背后隐含的善意和原因?焦点解决模式主张我们聚焦后者。

有位父亲向骆宏抱怨,儿子调皮,总惹是生非。"我教训他一顿后,他好了两天,又成老样子了。"这位父亲觉得儿子不可救药,但又极力想找到救他的妙方。

骆宏说,当父亲把所有注意力,都集中在孩子不听话的"很多天"上,却不关注他也"好了两天"时,孩子怎么能真的变好?

这件事情的焦点,是孩子"好了两天"。所以我们要思考的是,怎么做,才能让他接下来能"好3天""好4天"甚至更长时间。

首先,要去关注那两天他是怎么"好"的?孩子在这两天里,发生了怎样的正向改变？那位父亲轻松地找出了儿子的好几个"好"：回家第一件事就是做作业，不玩电脑，帮妈妈做家务……在骆宏建议下，父亲当着儿子的面说出了他的这些"好"，加以肯定、表扬，引导他接下来如何做会变得更好。

这就是焦点解决模式，不关注问题本身而是问题背后的意义，而这样做的结果是，那个男孩接下来"好了3天""好了一星期"，最后彻底变了个人似的。

有位母亲抱怨儿子"大半夜偷偷地玩电脑游戏"，让骆宏给予批评、惩罚的建议。骆宏说，他没有任何批评建议，只希望母亲能看到儿子"偷偷地"背后，有哪些值得肯定的部分：一、孩子知道玩电脑不对，所以才"偷偷"，这说明他有明辨是非的能力；二、"偷偷"说明他尊重权威，否则他完全可以光明正大地玩；三、很可能他的同学、朋友也在玩这个电脑游戏，他想参与他们的讨论，这说明他很在意朋友。

那些"才好了两天""偷偷玩电脑"的孩子，他们这么做的背后，有哪些善意、正向的意义？这才是父母最应该关注的焦点。当我们不再将注意力聚焦在"不听话"，而是在背后的意义上，孩子才可能变好。反之，把问题本身当成焦点，动怒、批评和威胁等方式都于事无补。

焦点解决模式是处理亲子关系、做好父母的法宝，而在处理夫妻关系方面，也能发挥很大的作用。

焦点解决之道：不争对错，接受差异

骆宏有一次参加一个女性活动，被问得最多的问题是：这个社会越来越宽容，男人出轨的成本和代价越来越低。作为女人，要如何面对男人出轨？

骆宏问："文章出轨，是对还是错？""当然错了！""大错特错！"答案异口同声。骆宏说："文章错了，毋庸置疑。因为《婚姻法》对此有明确规定。"而也正因为对错早已定论，对错便不是个值得关注的问题。但从文章出轨事件中，我们更应该吸取婚姻、家庭和情感的教训，从而过好当下以及未来的生活，这才是最重要的。

"通过一件不好的事情，来描述成功经验和优势，从而建构解决之道，这比分析问题本身的对错是非，要重要得多。"骆宏说，文章在很多影视剧，如《裸婚》《小爸爸》里，都和女主角爱得死去活来。

因为是戏，我们觉得OK。但是，我们看不到演员是高危职业的事实，他们脚下踩着的，是一片容易出事的土壤。戏一杀青，主人公就能从这段付出很多感情的戏里完全抽身出来吗？当他们无法抽身时，身边有亲人、朋友来帮助处理吗？

当然没有。等到他们出事后，身边人又会谴责、谩骂和伤心透顶。而无论是演员文章还是普通男人，出轨都绝非突然，也一定有出轨前的蛛丝马迹。比起在对方出轨后呼天抢地，不如提前看到那片容易出事的土壤，在他们出事前加以应对和预防。

而如果我们没有事先预防，要么学习马伊琍，感叹"婚姻不易，且行且珍惜"，要么不纠结于过去的错误，为了做更好的自己，开始另一段人生。

夫妻过日子，总是会有这样那样的问题。琴瑟和鸣的婚姻，终归只是绝少部分。骆宏说，他当初和妻子恋爱时，觉得她睿智、大方，而妻子也说他体贴、温柔，两个人有说不完的话，看对方什么都好。

结婚后，夫妻俩却渐渐有了分歧。"我睡觉习惯开窗户，但妻子却喜欢关着窗户睡觉。"骆宏说，他觉得睡觉关窗户的妻子缺乏安全感，有问题；妻子觉得他开着窗户睡觉有毛病。两人都觉得对方有问题，各不相让，结果当然会影响夫妻感情。

"我们习惯用'问题'视角看待事情，非黑即白。但实际上，很多分歧仅仅是'差异'，所以，我们应该改掉对错思维。"骆宏说，对错思维是要么听你的，要么听我的。但在生活中，哪有绝对的对错之分？用分明的"this""that"（这样、那样）只能解决一个人的情绪，婚姻中，我们应该用"both"（双赢）的眼光来对待所有事情。

而焦点解决模式应用到夫妻关系上，寻的就是"双赢"。

骆宏说，后来他突然明白：妻子睡觉时要关窗户，不是她有问题，而是她和我有差异。或者说，妻子不喜欢开窗睡觉，只是她的生活习惯而绝非"有问题"。所以，他应该尊重而不是指责。再想开窗户时，他会问妻子："窗户可以开一会儿再关吗？"或者就由她关着好了。当丈夫发生了改变，妻子也跟着改变，比如晚上起来把窗户打开。不知不觉间，妻子也开始利用焦点解决模式：当你黑，别人也黑；当你积极正面时，对方自然会阳光向上。

当我们不再纠结于谁对谁错，非黑即白后，才能坐下来，沟通、交流，积极面对并致力于更好的未来，从而提升幸福感。落实到"焦点解决模式"方面，可以分5个步骤来做：

第一，大家的观点都是对的，没有必要讨论谁对谁错。

第二，寻找并且重构共同的立足点。

第三，在耐心倾听对方指责的基础上，把彼此的对话翻译成"怀着良好目的，但不知怎么表达"的陈述。

第四，运用提问引导，讨论各自可以迈出的一小步。

第五，确保各方都是最后赢家，每人都有收获。

亲子关系和夫妻关系中，处处都可应用到焦点解决模式。常年跟老人打交道的骆宏说，其实焦点解决模式，也可以为老年人的幸福加分。

正向构建未来：每天为幸福加分

聚焦事情背后的正向资源，看到隐藏在问题之下的优点，我们才能构建更好的未来。更好的未来是什么？有钱、有大房子，就一定感到幸福吗？未必。物质条件的改善，能减少我们情绪配比中"不开心"（黑）的部分，却未必能增加幸福（白）的比例。既然物质不是幸福的必然因素，那么什么是？

骆宏是杭州五云山疗养院的院长，多年来与老人朝夕相处的他，一直在用焦点解决模式，去构建老年人的幸福问题。每位老人进疗养院，都会先上心理课。这堂课叫作"幸福课"。

上课时，骆宏首先会问老人 3 个问题：

第一，您从早上睁眼到现在，认为最满意的事情有哪些？

第二，别人做了什么会让您满意？

第三，您的五官所感知到的，有哪些是很快乐的事情？

这些问题，很多老人第一次都给不出答案。因为，他们更多看到的，是自己的"不幸"：重病缠身、和子女关系糟糕、老伴儿去世了、想找个伴儿却有各种阻挠……

在接下来的日子，骆宏就会提醒老人去发现幸福，与此同时，他也会鼓励工作人员，去给老人们制造幸福，转移他们的负面情绪。

骆宏认为：老年人的幸福指数，其实与外在的客观因素关系不大。一方面，幸福本身就是一个关于主观感受的名词，侧重点在于老人的内在体验。如果老人自身感到幸福，那么他们对幸福的体验次数，就会大大增加。

我们通常认为：老人退休有工资拿、有房子住就是幸福的；腿脚不便时有轮椅坐，听力消退后有助听器戴，就是幸福的。骆宏说，这些都不是幸福老人的标签。"不惧疾病和死亡，不被负面情绪缠绕，能以积极、平和的心态，想象和构建更好的未来的老人，才会感到幸福。"骆宏说。

衰老无法抗拒，老人常常抱着"活一天算一天"的态度。但骆宏却会引导老人通过"焦点解决模式"，树立生活目标，去抵抗对衰老的恐惧。老人身体机能一天天退化，但思维却不一定也老化。有的老人，虽然容颜衰老，但因为天天坚持锻炼，各项身体机能比年轻人还棒。

将焦点解决模式，应用到老年心理服务上，就是把"白"扩大，解决掉各种"黑"。黑指消极情绪，白指积极情绪，这一黑一白，其实就是中国人的阴阳平衡。"要把消极的事全都解决掉，即便解决不了，也要扩大积极乐观的部分。这样，才能抵制衰老和消极的事物，成功地老去。"骆宏说。

很多子女都向骆宏抱怨，父亲在母亲去世后，居然又找了个老伴儿。有同样烦恼的记者，也向骆宏寻求这个问题的解决之道。他笑着问："你觉得，父亲找老伴儿这事，有什么可取之处？他这么做的积极意义是什么？"

"我不在他身边的时候，他生病了有人带他去医院，照顾他。""父亲不会做饭，母亲不在了，他得找个人给他做饭。""找了阿姨后，父亲不会经常要求我回家，这其实在为我减压"……骆宏继续问记者，"如果在此之前，你给父亲打 6 分（满分 10 分），那么，你现在会打多少分？"

"7 分吧，或者是 8 分……"骆宏笑了，"那接下来，你会怎么做呢？""明天，哦不，待会儿回家的路上，给父亲打个电话。放假时回去看看他，或把他接过来住段时间。"骆宏说，让对方感到幸福，专注于当下的生活，并积极憧憬未来，这就是焦点解决的终极目标。

是的，当我们用正向、积极的态度聚焦问题，把不快乐变得有意义，并马上行动起来为未来加分时，未来便不再是梦，而是真实可感的幸福！

3

采访人：**玄圭**

采访对象：**柏丞刚**，台湾著名心理学家，"大脑心科技"创始人，北京市心理卫生协会理事，2008年奥运会特聘心理培训专家，中央电视台、北京电视台特邀心理专家。是国内将传统心理学和现代科技结合，创建大脑DNA体验馆的先驱。其关注孩子最强大脑和健康心理，致力于提升全民心理大健康和幸福指数的理念备受业界关注。著有《30天收获幸福——心灵教父情感治愈计划》。公众微信号："疗心室"。

观点：别以为你退却、妥协了，情绪就会放过你。面对恶质情绪，最行之有效的办法，是"内功""外功"兼修，彻底打败它！

摆脱被情绪控制的自己

　　每个人在人生的不同阶段、不同的人际关系里，都会因为这样那样的原因受到伤害或伤及别人。

　　在夫妻关系中，我们以为把负面情绪倾倒给对方后自己会好受些，却没有想到让自己和对方更难过；在亲子关系中，父母几乎付出了全部的爱和呵护，却事与愿违地培养出了不省心的孩子；事业竞争的压力、感情不顺以及别人坏情绪的传递，也会让我们不得安宁……

　　怎样做，才能战胜坏情绪，成为更好的伴侣、父母和自己？

夫妻间负面情绪能量转化："左耳进右耳出"

　　"结婚后的女人其实还蛮辛苦的。"柏丞刚接受采访时的第一句话，突然让身为女人的笔者预感到，接下来的聊天会很有意思。

　　"女人容易情绪化，而且还要面对男人、孩子和事业，就更加容易情绪化。所以我指的辛苦不是体力上的，而是要应对各种压力导致的坏情绪入侵。"柏丞刚说。

他在咨询中接待过很多女性，这些女人有个共同特点：事业女强人，而且不乏 500 强的高层。她们的婚姻模式基本都是"女主外男主内"，女人在外打拼江山，男人在家相妻教子。

　　"在西方国家，这样的夫妻模式很常见，谁都不觉得有什么不好，所以谁也不会抱怨、难受。但是在中国，夫妻双方其实并不那么好受。"最不好受的是妻子，她们一边打拼一边抱怨和纠结："为什么我的男人不能既出去赚钱，又好好爱我？"

　　好吧，那就让男人出去打拼吧！有一位在家相妻教子的男人，曾来到柏丞刚的心理咨询室，抱怨说他的女强人妻子快把他折磨死了。妻子老抱怨她在外有多累、多不容易，但是当老公说要去帮她时，她又会说："不行！你只能待在家里。""好吧，既然我只配做家庭主男，那就让有能力的你好好为我们这个家打拼吧！我觉得这样也挺好的。"但是妻子还是有太多不满和抱怨，她会说："如果我不扛起这个家，孩子怎么办？""我在外累死累活，你为什么对我这么不好？"

　　"怎么做都是错，这是要把我往死里逼吗？"男人抱怨道。柏丞刚给他支招：这种时候，男人能跟女人较真、讲道理吗？当然不能。否则，女人的坏情绪会越积越多。

　　如果女人只是因为坏情绪作祟，唠叨、抱怨，作为男人，就奉行"左耳进右耳出"原则。其实，女人很多时候就是发泄一下，说她们有多难过、多哀伤。这个时候，男人一定要听，但是一定要右耳出！有的男人在接受了老婆的负面情绪后，右耳没出，而是把女人的抱怨、指责全听进去了，结果自己更纠结、难受，完了就跟女人讲道理。到最后情绪没解决，事情更没解决，夫妻俩大吵一架，两个人都受伤。

"女人骂你的话，左耳进右耳出，这不是不上心，而是及时过滤掉、甩掉负面情绪。为何短命的都是男人，因为老婆的话没有右耳出嘛！"

男人"左耳进右耳出"，女人也得为自己的坏情绪采取点行动。科学研究证明，女人一天通常要说两万字，而男人说 6000 字就够了。如果女人白天没说够两万字，那么晚上就会把剩下的说给老公听。但是男人的 6000 字，早在上班时就说完了。

于是问题来了，女人在那里絮絮叨叨，男人要么蹦出一两个字要么没有回应。女人就抓狂了，坏情绪接踵而至。

既然是男女生理有别决定的，女人就应该自己寻求解决日均说两万字的问题。最简单的方法是，下班前给同性朋友、亲人打几个电话，把你今天想说的话说完了，回家再面对丈夫时，就不会有那么多抱怨、郁闷和忧虑等负面情绪了。

"夫妻相处的时候，都要格外有弹性。你无法跟固执的人理论，也无法跟暴力的人来硬的。玻璃够硬可以盛放很多东西，但一个锤子打上去，玻璃就会碎一地；棉花很软，但锤子打上去却可以弹回来。这个时候是玻璃硬还是棉花有力量？"

柏丞刚说到了自己的故事。"我老婆是天蝎座，喜欢晓以大义，刀子嘴豆腐心，但刀子有时太利了，就会把人割伤。"而他自己的个性，是即使面对家人时，也要把事情说得清清楚楚。

有一次，他和老婆吵架，吵着吵着，老婆就要下楼出去走走，柏丞刚却拦着她不让走。这时，3 岁的女儿走过来，很严肃地对他说："Kevin！让妈咪走！"柏丞刚注意到了，女儿叫的不是"爸爸"，而是他的英文名"Kevin"。这说明他当时的情绪和态度，已经影响到了孩子。

女儿的及时阻止提醒了他，也让他从此知道，在一个家庭里，面对夫妻一方的坏情绪，另一方要做到的是软硬兼施，左右脑通用地灵活面对，而不是非要将拳头砸在玻璃上，结果两败俱伤。

当然，在竞争激烈的现代社会里，很多男人也会随时爆发坏情绪。养家糊口的压力、失业的压力，是男人坏情绪的最大源头。这种时候，对女人来说，"左耳进右耳出"也是"安抚"男人坏情绪的法宝。

别让孩子成为坏情绪的垃圾桶，放大你想要的好品质

当然，在一个家庭里，夫妻之间的能量和情绪传递固然重要，但如果父母毫无顾忌地在孩子面前释放坏情绪，其结果可能更糟。

柏丞刚说，极为常见的一种现象是：两人离婚后，孩子判给了女方。因为前一段婚姻的不如意，积压了太多仇恨前夫的负面情绪，女人常常会让孩子选边站，当着孩子的面咒骂、诋毁前夫，痛斥他"如何混蛋"。显而易见，这对孩子的成长极为不利。可悲的是，很多女人却没想到这一点，她们强调自己的情绪，远胜于孩子的健康成长。

柏丞刚曾接到这样一个案例。这位女性是名牌大学高才生，事业成功，但婚姻却遭遇败北，独自带着女儿生活。她把婚姻的失败全部归咎于前夫，以致于离婚后一心想报复他。她所有的行为，包括和女儿的相处模式、对女儿的教育理念，全都以报复前夫为目的。

当着女儿的面骂她的父亲，和前夫吵架也从不避讳女儿，她极力阻挠父女见面，一心想把前夫的"大坏蛋"形象灌输给孩子。这个母亲希望女儿成绩优异，懂事听话，但事与愿违，女儿却是个人见人烦的坏孩子，逃学、打架，随时都可能歇斯底里，没有一个朋友，没有一所学校愿意接受她。

孩子变得和母亲一样疯狂：她忧郁、嫉妒、愤世嫉俗，还想着法子"报复"母亲。母亲受到的打击可想而知，她郁郁寡欢，郁闷纠结，直到癌症找上门来才追悔莫及。"因为感情失败带来的伤害，这个母亲用报复这个最可怕的恶质情绪，毁了自己，也毁了女儿。"柏丞刚说。

正确的做法是：教导孩子尊敬、爱戴父亲，多让孩子和父亲在一起。当坏情绪出现时，尽量避开孩子，然后通过其他途径宣泄，比如向好友、长辈倾诉，出去旅游、看电影，或者安静下来，和自己独处。

独处能冷静、平和地反省自己的坏情绪，但有些刚对孩子发泄了愤懑的父母，在独处时会突然想到一个问题，那就是，我今天之所以这样对待我的孩子，是因为我父母曾经也是这样对待我的！我的坏情绪，都是从父母那里遗传来的。

有这样的想法情有可原，但不能任由它来主宰我们的情绪。

很多人小时候都学过骑自行车，而在后面帮忙扶着的，常常是我们的父母。当某天，父母放手让我们自己骑时，我们既高兴又战战兢兢。这时后面传来一个声音："注意，前面有棵树！"我们于是注意到"前面有棵树"，奇怪，最后还是撞上了大树！

这就像很多发誓不想成为父母那样的孩子，最终却悲哀地成为了父母的翻版；从小看着母亲被父亲打骂的女孩，发誓不会嫁给家暴男人，但最终还是重蹈了母亲的覆辙。当我们越是放大"我不要"的目标，就会越专注地朝着这个目标前进，专注什么就发生什么。

要解决这个问题，想想骑自行车怎么才能不撞树？柏丞刚说，不要盯着那棵树，或者背后的父母说"好好骑，骑在路中间"，放大你想要的结果，而不是恐惧的目标。

比如当我们做了父母后，好好问问自己：成为怎样的父母，你才能开始幸福而且对孩子才是有益的？是喜欢抱怨、负面情绪爆棚，还是愿意和孩子对话、倾听孩子心声的？答案显而易见，然后放大你想要的这个目标，成为你想成为的那种父母。

我们的父母其实也是第一次做父母，所以不知道如何做才是对的，他们把糟糕的言行和情绪投射到孩子身上，不是故意而是真的不知道。明白了这个道理，我们就应该接纳自己的父母，释怀和原谅。光想着不要遗传父母的坏情绪没用，要想清楚你要什么样的情绪和品质。放大你想要的好品质，过去的创伤才会慢慢减少，而我们才会成为拥有优质情绪的父母。

柏丞刚的女儿两岁多时，他对女儿说话大声点，她就问："爸爸你为什么这么大声？"柏丞刚马上解释："对不起，爸爸下次小声点，爸爸会控制好情绪……人嘛，总会有这种时候的。"他认为，孩子无论大小，都是家庭的一分子，父母心情不好时，难免会控制不住发脾气，但事后，一定要向孩子解释。

如何情绪饱满、健康地面对家人和孩子？柏丞刚说：和骑自行车不撞树的心理暗示一样，放大你想要的好品质，就能抵销掉坏情绪，成为更好的伴侣和父母。

做好伴侣、做好父母或许不难，做好自己却不是那么容易。因为人最难打败的敌人，往往就是自己。

修炼"外功""内功"，成为最好的自己

2004 年，柏丞刚从台湾来到北京。新的地方，刚起步的事业，谈了十几年也没能稳定下来的爱情，各种不确定纠缠着他，让他的情绪很糟糕。久而久之，抑郁症找上门来，让他自己痛苦，也搞得周围人痛苦不堪。一个人待在房间里就胡思乱想，严重的时候想一死了之。被抑郁症搞得痛苦不堪的同时，柏丞刚知道不能再这样下去了，他做了一个决定："Do！"

"做"，找事情做。

柏丞刚说，当情绪不好时，一定要去找事情做，让自己"动"起来。他去郊区爬山、走很远的路，只要天晴，他每天都出去晒太阳。因为运动和晒太阳都会出大量的汗，可以将汗液里中很多坏情绪产生的蛋白质排出。

对抗自己的坏情绪，除了流汗，还有流泪。柏丞刚建议每个人在心情不好时哭出来。如果心情不好到想哭，他也会在女儿面前流眼泪。流泪和流汗一样，都可以排出积聚在体内产生坏情绪的蛋白质。"哭过之后情绪好多了，这是因为眼泪排出了坏情绪的蛋白质。也正因如此，女人比男人长寿。"

很多有抑郁倾向的人，任由自己的坏情绪侵蚀，还告诉自己"我因为心情不好，所以很多事做不了。其实刚好相反，你做了一些事情，你的心情才会好。第一次找'做不了'的理由，就会有第二次、第三次，接着你就被情绪控制，然后无可救药了"。

现代人花太多时间练"外功"：穿着、打扮，住多大的房子，却忽略了只有修炼"内功"才能有真正的力量。内功是什么？就是倾听自己内心的声音，接纳自己、爱自己。

但是，接纳自己、爱自己，说起来容易做起来难。要怎么做呢？有个很简单的办法，照镜子。爱照镜子并喜欢对镜子笑的人，是能悦纳自我的人，而看着镜子愁眉苦脸或拒绝照镜子的人，多半对自己很苛责，这种人也很少有情绪好的时候。记住，人接纳自我是从接纳自己的身体和面部特征开始的。对自我的不接纳就像镜子上的裂缝，心情明媚时，并不影响自己的美好形象，但当挫折袭来时，裂缝会"砰"地炸开。所以，心情不好时，多照照镜子，多笑笑，从接纳镜子里那个真实的自己开始。

接下来再审视你的心。其实，我们对自己过于苛责是源于不合理的信念。当我们对自己感到失望或不满时，不妨想一想：我希望做成什么样子？做成这样，会让我获得什么？获得的这些，为什么对我这么重要？我现在的坏情绪，是不是会妨碍自己达成这些？

接纳自己就是修炼内功，但内功不好练。练内功时，我们首先要面对的是孤独。因为当我们想静下心来倾听自己内心的声音时，会被太多外面的声音打扰。比如，微信提示音响了，好吧，先看微信，结果，微信解决不了你的坏情绪。怎么办？不妨问自己："我喜欢这样吗？"当然不喜欢，OK，关掉微信，真正地静下来。问问自己："我想要的品质是什么？""具备怎样的情绪会让我快乐幸福？"

修炼内功还需要自信。"自信不是你有很好的人际手腕，不是你能搞定多少事情，或是得到多少肯定，这些都是外面的标准。没有自信的人比较在意别人的看法，担心做不好，当然谈不上爱自己（在乎别人的眼光胜于爱自己）和接纳自己。"

自信来自于尊重，对自己的尊重、对他人的尊重和对环境的尊重。比如，在公共环境里，你吐一口痰，引来别人鄙视的目光，就会被打击。这时你还能自信吗？所以，自信除了要尊重自己，还要尊重他人和当下的环境。

与自信相反是"没有盼望"，而没有盼望是最难治愈的坏情绪。"爱的反义词不是恨，而是不爱、漠然。当你恨一个人时，还会骂，还会有喜怒哀乐，这样的人还有救，但是你做所有事情都没有感受，即没有盼望时就很可怕了。其实考第二名而感到内疚的人还有救，考最后一名也无所谓的人也有救，没救的，是那种没考第一名就想自杀的人。因为自杀多么需要勇气、死多么痛苦，一定是没有盼望了，才会选择自杀。"

没有了盼望的人，是没资格去谈修炼"内功"的。因为，这种人已经完全放弃了自己，一个不爱自己的人是无药可救的。悲观的人，认定消极负面是生活的常态，困境无处不在，自身努力无法改变任何事情；相反，乐观的人会认为负面情绪不过转瞬间，成功与幸福才是生活的常态。

两者的根本区别是"常态"。"这就好比我们花同样的精力去改造缺陷，和花同样的精力发挥优势的结果完全不同一样：个人关注点的转变，能将人的潜能发挥到最佳效能。我们应致力于发现并促进那些使我们成功的因素，发挥自己的优势，让别人换上正向的眼光看待并信任我们，与此同时，内外功兼修，相信和接纳自己。如此，坏情绪才能彻底治愈，你才能成为最好的伴侣、子女、父亲（母亲）和你自己！"

4

采访人：**付洋**

采访对象：**朱建军**，我国著名心理学专家，中国本土心理咨询与治疗方法意象对话技术的创始人。北京林业大学心理系主任、博士，心理咨询与治疗督导师。著有《意象对话心理治疗》《释梦》《蓝色十七岁：心灵大厦漫游》等十余本心理学专著。

观点：每个人都有爱的潜力和信的能力，只要治愈受伤的心，把婚姻作为一种真善美的信仰，我们就可能拥有幸福的婚姻。

让受伤的心重拾爱的能力

受伤的心不能爱

朱建军认为，理想的婚姻应该是一种信仰，一种心和心都打开的关系：夫妻俩都是婚姻虔诚的信徒，不仅彼此相爱，而且秉持一个美好的信念——自己的婚姻会越来越幸福。

然而，他遇到了很多不能爱、不会信的夫妻。爱是人的天性，不能爱的原因常常是：他们在婚前曾经有过未能完成的爱，让心受了伤。一颗伤痕累累的心，是既不能相信爱情和婚姻，也不会给予伴侣尊重和信任的。

因为害怕受伤，他们战战兢兢地把心关起来，不和伴侣交心，同时抵制对方的关心。攻击、逃避与自我封闭，成为他们在婚姻中的姿态。在这种情况下，哪怕遇到一个好伴侣，他们也不能爱、不会信。于是，婚姻成了乏味枯寂的集体宿舍，成了被烈火炙烤的地狱。

朱建军遇到过一对夫妻。丈夫深爱妻子，不仅在生活上把妻子照顾得无微不至，而且非常尊重和信任她。有一次，丈夫出差了半个月，当他兴冲冲地赶回家时，竟然发现妻子和一个陌生男人躺在床上！把奸夫打跑后，丈夫怒气冲冲地质问妻子："我这么相信你，对你这么好，你怎么能这么对我？"妻子不屑地说："你相信我，那是因为你傻！"这种极度的羞耻和愤怒，让丈夫一下子就精神崩溃了，他心里只有一个念头："我是杀了她，还是自杀？"

值得庆幸的是，残存的理智让他没有杀妻，也没有自杀，而是找到朱建军求助。他说："朱老师，我把心捧出来给她，想换取她的真心。可她随手一扒拉，我的心就滚到了地上，她还在它上面狠狠地踩了一脚……"

在几十年的心理咨询中，朱建军见过太多这样的"伤心"人，他们常常这样描述自己：我的心被撕碎了，心上被插了把刀，心被戳了无数个洞，心被踩在地上，心被放在火上烤，心冷了，心硬了，心灰了……

朱建军决定用意象对话来帮助他。意象对话是朱建军创立的一种心理咨询与治疗技术，通过引导来访者做想象，来了解来访者潜意识里的心理冲突，对其潜意识的意象进行修改，从而达到治疗效果。

朱建军先让他放松，然后慢慢引导他："心被踩了一脚之后，变成了什么样子呢？"

丈夫闭着眼睛回答："心变成黑色，跟石头一样硬。然后，它开始长大，长得越来越大……最后长成了一个浑身穿着铠甲的武士。他拿着一把大刀，面目狰狞，就跟魔鬼似的！"

朱建军继续问："你进入这位武士的身体里，看看他是不是有心？"

丈夫"看"了一眼后，说："有心，那颗心正在流血！"但仅仅几秒后，他又马上说："不，我没看见心，武士的身体是个空壳，空壳里只有一堆灰！我不应该有心，也不能有心！只有傻瓜才有心……"

在意象对话中，"黑色"代表怨恨、恐惧等负面情绪；"石头"往往跟愤怒有关；"一堆灰"代表的是绝望，所以我们常说"死灰不能复燃"；"拿着兵器的武士"代表力量。"看"的第一眼反映的是丈夫最真实的潜意识：他被妻子伤得很深，所以心都在流血。然而，由于羞耻和愤怒，他否认自己受伤，而是渴望拥有力量，让自己变得强大，不再惧怕来自妻子的伤害。

那么，妻子为什么对丈夫如此无情呢？在为妻子做意象对话治疗时，朱建军发现，她的心也伤了——里面烂了一个很大的洞。

原来，上大学时，妻子曾经毫无保留地爱上一个男孩。然而，对方只是玩弄她的感情。当她发现男友脚踏几只船时，他用非常过分的言语羞辱她，让她的精神受到很大的刺激。从那以后，她发誓再也不对任何男人付出真心。结婚后，虽然丈夫对她非常好，但是她毫不感动，并且做了和前男友同样的事情——用欺骗与背叛践踏别人的真心。

朱建军问她："你想对那个被男友背叛的自己，说些什么吗？"妻子毫不犹豫地说："你相信他，是因为你傻！"这与她攻击丈夫的那句话，竟然一模一样！妻子蓦然惊醒：原来她是把对自己的愤怒，发泄在无辜的丈夫身上！丈夫对她越痴情，她就越痛苦，因为她恨自己当初的痴情。

妻子鼓起勇气，把自己的情感经历告诉丈夫，并且诚恳地请求他的原谅。丈夫听了之后，对她说："原来，你伤我这么狠，是因为你曾经也被伤得这么狠。"两个同病相怜的伤心人，开始惺惺相惜起来。在朱建军的帮助下，两个人也做了很多努力，终于互相原谅，重建信任，心上的伤口也慢慢愈合了。

如果经历过一次失败的婚姻，那么，心受的伤会更重。朱建军为很多离异女性做过咨询。当他请这些女性想象自己是什么花时，她们的答案是残花败柳、枯萎的花、凋谢的花、难看的花、黑色的花……答案背后，是她们一颗颗千疮百孔的心。她们自卑而抑郁，对爱心灰意冷，对婚姻心怀惧意。比起再婚难找对象的客观现实，这样自我封闭的心态更加可怕。

朱建军总会耐心地引导她们，把自己想象成一朵正在盛开的美丽花朵。因为，只有怒放的鲜花，才能让自己的花香在空气中散发，传递给蜜蜂正确的信号。而让自己保持怒放的姿态，哪怕蜜蜂暂时没来，鲜花也能一边等待，一边欣赏自己的美丽。

用意象对话疗愈受伤的心

那么，如何疗愈受伤的心呢？朱建军重点介绍了两种意象对话技巧："花与昆虫"和"打扫灰尘"。

"花与昆虫"能够帮助人们在潜意识中重建信心，找回爱的能力。朱建军遇到过一个大龄剩男，在被心爱的女孩严词拒绝后，他不相信自己会爱上别人，也不相信别人会爱他。因为极度的自我厌恶，他开始放纵自己，到处拈花惹草，甚至对刚认识的女孩说一些乱七八糟的话。周围的女孩都觉得他人品有问题，不肯搭理他，他无论追求谁，都以失败告终。

为了帮这个男孩治愈受伤的心，找回爱的能力，朱建军对他进行了多次的"花与昆虫"意象训练："想象你在一片草地上，草地上开了各种各样的花，还有不同品种的昆虫。如果你是一只昆虫，会是什么样的昆虫，会喜欢什么样的花？你和花之间，会发生什么故事……"

男孩说："我是一只嗡嗡乱飞的苍蝇，浑身臭烘烘的。苍蝇没有特别喜欢的花，但是忍不住想接近这些花，拼命往它们身边凑。但是，所有花都讨厌苍蝇，不许苍蝇飞近。苍蝇一飞近，它们的花瓣就合上了……"

朱建军引导他体会一下苍蝇的心情，然后讲一个关于苍蝇的故事。男孩说："苍蝇被人厌恶是因为太脏了。它太饿了，所以什么脏的、臭的都要吃。它不喜欢这样，但是它天生就是一只苍蝇，注定要被人厌恶！"

朱建军并没有要求他不做"苍蝇"，而是引导他在这个意象基础上做一些修改："你可不可以做一只有志气的苍蝇？哪怕很饿，也尽量挑选着食物吃，少吃脏的、臭的东西？"

在之后的意象训练中，这个男孩开始努力做一只"有志气"的苍蝇。在想象中，他觉得自己很饿，有时候都快饿晕过去了，但坚持让自己少吃脏东西。渐渐地，他变成了一只饮食习惯更好的苍蝇。而与此同时，有些花开始渐渐接纳他。最后，他竟然变成了一只澳大利亚苍蝇——虽然还是苍蝇，但是却能采蜜，不再逐臭而居。在想象中，他还对一朵向日葵产生了好感……

意象对话技术的神奇之处是，当潜意识里的消极意象被积极意象所替代后，人在现实中的行为也会随之发生改变。经过一段时间的意象对话治疗后，这个男孩在现实中也变得"有志气"起来，他努力工作，积极生活，而且不再骚扰异性。最后，他成功地追求到一个阳光健康、生机勃勃的女孩，如同向日葵一般美丽灿烂。结束咨询时，他信心满满地对朱建军说："朱老师，我觉得苍蝇和向日葵一定能永远在一起，整个草原也会变得越来越美好！"

朱建军说，"花与昆虫"是一种简单有效的意象对话训练方法。做意象时，男人把自己想象成一种昆虫，女人把自己想象成一种花。然后，像编童话故事一样，去想象花与昆虫之间会发生什么。

在童话故事中，花或昆虫一定会遇到一些困境，想象它们要怎么努力，怎么转变，才能和喜欢的花或昆虫在一起。通过想象训练来释放心理能量，重建信心。

需要注意的是，做这个想象时，一定要想童话故事，而不是现实世界。比如说，如果把自己想象成一只蜜蜂，不要因为现实中的蜜蜂到处采蜜，就想象自己围着很多花来转。在童话里，蜜蜂可以只爱一朵花，就像小王子和他的玫瑰花一样。

而"打扫灰尘"的意象训练能够在一定程度上缓解抑郁情绪，修正潜意识里的消极意象。精神分析大师弗洛伊德说，抑郁是转向自己的愤怒。很多人情感受伤后，会把心中的愤怒压得很深很深，慢慢变得抑郁。

朱建军遇到过一位女子，她被前男友抛弃后，心情抑郁，对什么事情都不感兴趣。带着这种情绪，她和一个好男人结了婚。丈夫觉得，妻子每天都跟梦游似的，对生活没有热情，而且无法沟通。在丈夫心中，妻子就是一个"没有心"的女人。两个人的关系越来越差。

在意象对话治疗中，朱建军引导女子想象一座房子，"房子"的意象能够表现一个人基本的心理状态。她想象出的房子红砖绿瓦，满是田园风情，非常漂亮。然而，走进房子里却发现：到处脏乱不堪，积满了灰尘。窗子灰蒙蒙的，看不清人影；桌面上有一层令人作呕的污垢，连沙发上都落了一层厚厚的灰。而这些"灰尘"就是抑郁的象征。

朱建军让这位女子把想象中的这座房子彻底地打扫干净：擦桌子，擦玻璃，扫地，拖地。最后，整个房子被她擦得干干净净，窗子的玻璃清澈明亮，温暖的阳光透过玻璃照进来，给所有家具都涂上了一层金黄的光辉，就连地板都变得亮堂堂的……抑郁情绪，不是一两次的"打扫"就能消除的。有时候，打扫干净后，房子还会落灰，所以朱建军给她留了一个家庭作业：每天给想象中的"房子"打扫一次，一次持续20分钟左右。经过一段时间"打扫灰尘"的意象训练后，这位女子的精神状况有了明显好转，开始关心自己以外的世界——包括丈夫。通过一年多的心理治疗，这对夫妻的关系也得到了明显的改善。

朱建军特别提醒大家：意象对话训练，作为一种辅助方法，可以帮助人们加快心理成长的过程。然而，只通过一两次的心理测试或训练，是不可能一劳永逸地解决心理问题的。所以，有心伤的夫妻们，应该接受正规的心理咨询和治疗。

朱建军说，我们都知道夫妻之间要尊重、理解、信任、沟通等等，并且把它们作为改善婚姻质量的良方。然而，这一切都要建立在一个基础上：夫妻双方都有一颗健康的心。假如，心伤了、病了，对婚姻不用心，跟伴侣不交心，自己不安心……使用再好的婚姻技巧也枉然。那么，怎么才能让心不受伤呢？

怎么爱，才能让心少受伤

　　朱建军的答案是：这个世上没有 100% 让心不受伤的办法。但有些办法，能够让我们在爱时少受伤。

　　首先，要像成年人一样谨慎选择对象；选好对象后，像孩子似的打开心扉勇敢爱。谈恋爱之前，人们尤其是女孩应该有足够的人际交往，不要轻易"以心相许"。很多人之所以看错人，是因为没有和人交往的经验，所以根本不懂得看人。先接触，再观察，看看对方在骨子里和自己是不是一类人，有没有相同的价值观和相近的生活方式等等。通过一定的判断，有七八成的把握后，再勇敢地打开心扉，全心投入地恋爱。只有自己打开心，才有机会和别人建立心与心的美好关系，才能让婚姻成为一种信仰。

　　在父母过度保护中长大的孩子，往往容易受伤。朱建军遇到过一个乖乖女，父母对她管得很严，别说男朋友，连女朋友都没有。上了大学后，有一个男生主动追她。她喜欢听什么，他就说什么。女孩子特别震撼："天啊，我这是找到灵魂伴侣了！"周围人都提醒她，这个男孩其实很花心，父母也极力劝阻。可是，她义无反顾地嫁给他，甚至为他背井离乡。然而，新婚蜜月还没结束，这个男孩就有了外遇。她很困惑自己当初为什么会鬼迷心窍，朱建军告诉她："你平时交往那么少，根本不了解人心。谈恋爱时，会突然打通任督二脉，看清男友是不是真心吗？"

　　但是，扩展人际交往不等于滥交。朱建军遇到过一个女孩，她的想法是："我要经常换男朋友，一个个地去考察他们。这样我才不会上当受骗！"然而，她这样做，并不能更多地理解男人。因为人和人的关系是相互的，你以什么样的心态跟男人打交道，就会遇见什么样的男人：以试探的心态就会遇见不靠谱的男人，以挑剔的心态就会遇见毛病一大堆的男人，以猎艳的心态就会遇见好色的男人……于是，她和这些男人之间有了很多冲突。她的心虽然没有大受伤，但是却一个接一个地小受挫，最后变得心灰意懒，失去了爱和信任的能力。

　　还有，结婚前做个心理检查，尝试问自己4个问题：

　　1. 如果把婚姻比作一辆车，我们开车的目的地一致吗？（举个例子，两个人的价值观不同，一个人对名利看得特别重，另一个人喜欢淡泊、轻松的日子。那么，哪怕彼此相爱，婚后的日子也不会很愉快。）

　　2. 假如把他的缺点放大3倍，我能忍耐多久？

　　3. 为了适应他，我需要改变或掩饰的地方有多少？

　　4. 我需要的，他能给予吗？他需要的，我能给予吗？

　　如果有一两个问题的答案不理想，你们可以结婚，但一定要做好心理准备，你们婚后可能会遇到严重的冲突；如果答案不理想的题目数量超过 3 个，建议慎重考虑，你们不适合结婚。

最后，婚后允许自己不安心。不要因为担心，就做过多的防范。婚姻就和身体一样，身体不能没有免疫机制，但如果免疫机制太强大，却会患上免疫性疾病——过敏。有的妻子太敏感，只因为做了一个和丈夫背道而驰的梦，就担忧自己和丈夫会分手，天天盯紧丈夫不放，导致彼此都很受伤。

要时刻提醒自己：我不要把担心跟事实搅和在一起，不要把担心当真。问问自己：什么把我们联系在一起？什么会让我们疏远？把好的保持，把坏的找到原因。但同时，要允许自己不安心，因为只要允许它，接纳它，你的不安就少很多。

其实我们每个人都有爱的潜力和信的能力，只要把心中的伤痕治愈，把婚姻作为一种真善美的信仰，那么，我们就可能拥有长长久久的美满与幸福。

第四章
过好我们的生活

这 是 我 们 亲 密 之 路 上 ， 最 后 的 一 次 求 生 的 战 争 。

/////////////////////

>>> 吴 熙 珺 / 徐 震 雷 / 赵 昱 鲲 / 柏 燕 谊 / 胡 佩 诚

1

采访人：**付洋**

采访对象：**吴熙琄**，美国爱荷华州立大学婚姻与家族治疗博士。2005 年回台湾定居，在台湾掀起学习叙事治疗的热潮，在大陆亦受到热烈欢迎。著有《熙琄叙语：一个咨询师的成长历程》。

观点：吴熙琄认为，自己才是面对和解决问题的主人。用倾听、珍惜、好奇和专注的叙事精神可以帮我们经营婚姻，并且找到生命的力量。

好的婚姻就是自由分享彼此的生命故事

　　身为台湾著名的心理专家，吴熙琄最擅长的是叙事心理治疗。叙事心理治疗简单地说，就是通过倾听别人的故事，问一些不一样的问题来帮助人。从事婚姻与家庭治疗这几十年，吴熙琄运用叙事的方法，帮助有外遇的夫妻渡过婚姻危机，帮助关系冷淡的夫妻进行深层沟通，也帮助夫妻俩在婚姻里找到自己的力量，实现自我成长。

如果你的先生有外遇了

　　吴熙琄说，在婚姻问题里，外遇是最恐怖的事情。因为它会摧毁夫妻俩的信任感和安全感，让伴侣经受严重的情感创伤。有些咨询师会急于给求助者建议，但是，叙事学认为，"自己"才是解决问题的主人。所以，吴熙琄不会急着解决问题，而是耐心地等求助者说出自己在不同状态的内在故事，陪伴受伤的一方走过这段艰辛的路，找到自己生命的力量。

　　吴熙琄接待过一对台湾夫妇，先生和太太都是成功人士，结婚12年，生了两个小孩，两个人的感情非常深厚。有一次，先生去参加饭局，结果和席上认识的一个漂亮女孩发生了关系。太太知道这件事情后，如遭晴天霹雳，她痛苦得吃不下饭，睡不着觉，一下子老了10岁。她开始和先生冷战，拒绝过年时与先生一起看望婆婆，拒绝与先生说话，拒绝与他待在一个房间里……这位先生事后非常后悔，他和那个女孩只是逢场作戏，没有想到只是"玩一玩"，却要付出这么大的代价——太太痛不欲生，而两个孩子也因此受到了很大的惊吓。

经过几个月的冷静后，太太决定不离婚，于是找吴熙珺做婚姻咨询。吴熙珺用了几个小时来倾听她的故事，一直到她觉得自己说够为止。因为表达创伤是一件很重要的事情，只有先充分地表达，然后才能慢慢去看创伤背后的生命力。

吴熙珺对太太说："你是血肉做成的，对先生有这么深厚的感情，所以生气、愤怒和无力都是正常的。你得好好地关爱自己，虽然这很困难，但是还要尽量让自己吃饭、睡觉、喝水、运动、接触大自然。因为如果你不能关爱自己，状态不好，那么和先生对话时，他就会觉得我的老婆就是那副德行，不愿意和你沟通……"

为了帮助太太发现自己的力量，吴熙珺采取叙事的治疗方法中的外化与重写技术。外化是把人和问题分开，她会问这样的问题："如果把这几个月辛苦的自己比作一朵花，你想对她说什么呢？"

重写是找到自己的不容易，然后去感谢。吴熙琄经常会采取"跨越时空见证"的办法，让老年的自己来感谢现在的自己。比如问太太："60岁的你，看见现在的你虽然痛苦、绝望，但还在努力地去找咨询师谈。60岁的你想和现在的你说什么呢？她最被你感动的是什么？"吴熙琄说，之所以这样问，是因为人只要想得远，就会走得不一样；如果只想到现在，就会很辛苦。

通过一个阶段的咨询，太太终于找到了生命的力量——孩子。她对吴熙琄说："我现在真的很痛苦，但是我一定要努力把我们的关系弄好。我希望将来孩子结婚时，我和他的爸爸能够一起出席婚礼，微笑着给他祝福。而不是像仇人一样，如果爸爸去，妈妈就不肯去，我绝不能让我的孩子承受那样的痛苦！"

之后，太太也和先生讲了这段话，希望他们能够一起努力。先生以前从来没有想过"参加孩子婚礼"这样的事情。但是因为有了这个共同的愿景，先生主动改变自己。这对夫妻花了很多心思来经营自己的婚姻，过得越来越好。但是，外遇的修复是需要一个漫长历程的。直到11年后，这对夫妻才真正彻底地走出了这次外遇带来的伤害。

吴熙琄说，如果想挽回婚姻，太太要找回自己的力量，而先生要善于发现太太行为中的善意，千万不要把太太的接纳当作理所当然。譬如，要遵守建立安全感的约定，彻底终止外遇行为，不再和情人联系。如果建立约定后，自己又不去遵守，那么就可能永远失去太太了。如果太太变得疑神疑鬼，先生千万不要指责她，而是要体贴她、理解她，说："我知道，你的怀疑，都是为了让我在你的身边。"先生只要这样说，太太就会感到很舒服，疑神疑鬼的程度也会减轻。

如果吵架时太太翻旧账，又对先生发飙，先生千万别说"我都回来了，你干吗还这样"，而是要说："太太，你为这个家付出这么多，我还做出这种事，真是对不起！你真的很不容易，谢谢你！"先生的理解，会让太太感到温暖，态度也会缓和下来，渐渐地，她就不会翻旧账了。伴侣外遇会带来很多伤痛，但是如果夫妻俩能够从痛苦中获得成长，这些成功的经验就会刻骨铭心，一辈子都忘不了。

在外遇事件中，太太因为家人的不理解，往往会受到多元的创伤。吴熙珺接待过一个太太，她的先生一向表现得很爱家，也没有任何不良嗜好，是一位好好先生。有一次，先生去外地出差了半年，因为太寂寞，就和一个女同事外遇了。事发后，太太非常痛苦，可是婆婆完全不安慰她，还对她说："我的儿子从小就规规矩矩的，他为什么会有外遇？肯定是你不好，你自己要好好检讨一下！"

听了这种话，她简直是心如刀割。最痛苦的是，父母也不理解她。因为先生一直对岳父岳母很好，只要有时间就去看望老人家，陪岳母择菜、购物，陪岳父喝茶、下棋。所以，父母非常舍不得这个好女婿，纷纷劝女儿说："哎呀，你看女婿对我们这么好，你上哪儿去找这样的好男人？一次逢场作戏而已，男人都这样，为了孩子你就忍忍吧！"这位太太听了这话，火冒三丈："我每天努力工作养小孩，也在赚钱养家，凭什么叫我忍？"这样一层又一层的创伤和压力，反而让太太走向极端。最后即使先生下跪恳求、写下保证书，太太还是坚持要离婚。

吴熙娟说，假如家人都能够懂一点儿心理学，那么结果就会完全不一样。譬如，婆婆说一句："媳妇，我儿子做了这样的事情，委屈你了！"父母则温和地对孩子说："女儿，我们知道你这样已经很辛苦了，无论你做什么决定，我们都会支持你。有空回家一起吃饭啊！"这样太太就会觉得很温暖，也会很有力量。无论是否离婚，她将来都会过得很好。

有的太太，认定先生只要外遇一次，就代表人品不好，以后会不断外遇。其实，吴熙娟认为，大部分先生的外遇都是逢场作戏，因为不知道外遇的代价有多大，抱着侥幸的心理想"玩玩"。只要外遇一次，他们就会被吓到，以后不敢再做这种事，所以要给先生一次回头的机会。有的先生就很聪明，他们知道外遇的代价很高，所以从来不会外遇。

还有些男人外遇，不是逢场作戏，而是因为婚姻本身出现了严重的问题。在婚姻里，他无法获得滋养和成长，也无法得到温暖和力量。所以，与其等爱人外遇后，再来修复外遇造成的创伤，不如从一开始就努力地经营婚姻，从根源上避免外遇的发生。那么，要如何经营婚姻呢？吴熙琄说，倾听、专注、珍惜和好奇的叙事精神是秘诀。

爱人分享故事时，你要专注地听

吴熙琄说，爱人和你说话时，是在分享他的生命故事，这说明他在乎你、相信你，所以一定要好好地听。在婚姻里，很多问题就出在我们不肯认真地听对方讲故事。于是，房间里只剩下一个人的声音，久而久之，婚姻里就只剩下一个人。

做伴侣，不仅要做生活上的伴侣，尽力去照顾对方，更要做灵魂的伴侣，愿意分享彼此的生命故事。理想的婚姻状态，应该是让家成为一个避风港，无论是先生还是太太，都清楚地知道，自己无论在外面遇到什么事，回到家都有人愿意听自己说话。

吴熙琄说，结婚最初，她的先生是一个还不太会倾听的人。吴熙琄每次倾诉自己的烦恼时，不等她说完，先生就噼里啪啦给出一大堆的建议，让她照着做就好。吴熙琄就会很生气："我只是想说给你听，谁要你给建议？你不能听我把话说完吗？"经过一段时间的磨合，先生就变聪明了，每次都会先耐心地听她讲，等她停下来之后，再问："太太，你是想要我继续听呢，还是给你建议？"

认真听对方讲故事，其实就是对爱人最大的支持。在叙事里，爱人是面对自己问题的主人和专家。如果你还没有听明白，就贸然地给建议，这样对方心里肯定会很不舒服的，感到自己不被尊重。下次，他有了事情就不会找你说。时间久了，爱人就可能找别人说。

吴熙琄接待过一位先生，他的太太从来不认真听他讲话。有一次，先生在工作中受到了极其不公平的对待，气得差点儿当场辞职。因为事情涉及长官，他在外面不敢和别人说，回到家后就和太太说了。

没想到，太太连头都没抬，坐在沙发上一边织毛衣一边说："那肯定是你做得不对，那么大的官，哪儿会针对你？还有，你以后不要再这样冲动了，万一被炒鱿鱼，你让我和孩子去喝西北风吗？"

被太太噼里啪啦批了一通后，先生的心都凉了，觉得太太一点儿也不理解他。作为伴侣，我们应该陪伴彼此去经历所有痛苦、困难的状态，绝不能否定对方，因为爱人的心是不能被否定的。

我们听爱人讲述的时候，一定要专注。吴熙琄说，为什么谈恋爱的时候，我们的感情会轰轰烈烈？因为我们听对方说话时，总会专注地看着对方，用眼神传递着爱的能量。我们因此觉得自己在男友面前像一朵盛开的花，所以有一个词叫作"心花怒放"。可是结婚后，我们就不肯好好看对方，也不肯认真听对方说话了，把一切都当作理所当然。恋爱时，我们的专注度是 200%，结婚后只剩 50%。

有一次，先生和吴熙玥讲朋友的事，讲了一阵后突然停下来，生气地说："我不讲了，你都不专心听！"这是吴熙玥生平第一次被先生批评"不专心"。她连忙问道："是我的什么表现，让你觉得我不专心？"先生回答说："你听我说话的时候，眼珠子一直转来转去。"

原来那段时间，吴熙玥在工作中遇到了很大的困难和挑战。在和先生聊天时，她还在分心想工作中的事情。于是，她真诚地为自己的"不专心"向先生道歉，以后类似情况再也没有发生过。

在倾听上，有的太太遇到了另一种麻烦："我想要听先生讲故事呀，可是他不跟我讲，怎么办？"吴熙玥说，一定要去探索先生"不想讲"背后是什么；要发生什么样的事情，才会让他想谈呢？太太要好好地想一想，如何去营造一个对话的氛围，创造对话的空间。

珍惜与好奇：每个人的故事都是宝贵的

在一次公开课上，吴熙玥跟学生们分享过一个事情。几年前，先生问吴熙玥："我们还可以在一起几年？"吴熙玥答："根据我们两家父母的历史，大概我们还可以在一起 30 年。"先生说：

"哎呀，好短啊，30 年一晃就过去了。"隔了几年，先生又问吴熙珺："太太，我们还会在一起几天？"那时已经没有 30 年了，吴熙珺算了算，只有一万多天。这一下，吴熙珺和先生都吓了一跳："天啊，原来我们能在一起的日子这样短！"从那天起，吴熙珺就更加珍惜和先生在一起的时间。

吴熙珺说，要珍惜的不仅是"时间"，对方做的一切都要珍惜，并且由衷地感谢。一次叙事工作坊下课后，有位太太等先生接她回家，吴熙珺在一旁和她聊天。那位先生开车途中遇到了冰雹，车窗差点儿被冰雹击碎，几乎是走一步，停一步，本来 30 分钟的路程，他开了两个多小时。

吴熙珺对学生说："等他到的时候，你一定要谢谢他！"学生问："谢他什么？他来接太太下课，不是应该的吗？"吴熙珺认真地对她说："不要把先生的付出当作理所当然。他能在这种天气来接你，是很辛苦的。有些先生还不肯过来接太太呢！"学生听后很受触动，上车后，她轻轻地亲吻了一下先生的脸颊，说："谢谢你开车来接我哦！"先生的眼神一瞬间变得特别温柔。

对于我们的婚姻本身也要珍惜，要明白它的存在是有意义的。在叙事里，有一种技巧叫作"解构"，意思是不以主流文化的标准去衡量、看待问题，从尊重的角度，让夫妻双方看到自己的价值，发挥自己的特色。

吴熙珺接待过一对由太太负责养家的年轻夫妇。太太的工作能力非常强，先生性格温和，做事细心，做了全职爸爸，把孩子带得很好。两个人这样相处了3年，彼此都感觉很满意。可是，双方的亲朋好友都不认可他们的婚姻模式，经常指指点点说他们"太怪"了，男人不是男人，女人不是女人！

在承受了巨大的压力之后，这对小夫妻跑过来做咨询，问吴熙珺他们是不是太怪了。吴熙珺告诉他们，"怪"并不等于"坏"，只要夫妻俩都舒服、满意，那就没问题。

能够突破主流文化的束缚，需要很大的勇气，他们真的很勇敢！有些夫妻就是太在意别人的眼光，所以根本不敢自在地生活。

珍惜，会让爱人觉得自己很有价值，而有价值的人，就会在婚姻里得到足够的力量，可以一直把婚姻带到一个美好的方向。

在婚姻里，"好奇"也很重要。譬如看见先生情绪不好，就问一声："先生，你最近都不理我，'不理我'是怎么来的？"经常探索对方内心的需要，可以陪伴爱人成长，为婚姻注入生命力。

有一位太太发现先生对自己特别冷淡，可是她不知道原因，也没有发现先生有外遇的迹象，于是强迫先生一起做咨询。先生对吴熙珺说："我们有3个孩子，生活压力很大。我要经常加班，努力寻求升职加薪的机会。我不需要太太对我说甜蜜的话，也不需要她为我做什么，只希望她能够看到，我正在为这个家努力着，不要让我觉得这么孤单。"

原来，因为先生差不多每天都要加班，很少回家吃饭，所以太太经常骂先生不负责任。这让先生觉得，他的付出没有得到珍惜，因此对这个婚姻心灰意冷。当太太了解到先生的需要后，再也没有指责他。无论先生回来得多晚，都能吃到太太为他准备的热乎乎的饭菜，两个人的关系因此得到改善。有时候，幸福就是这么简单的事情。

吴熙琄说，好的婚姻，就是能够自由分享彼此的生命故事。而用叙事的精神去经营我们的婚姻，就能够探索对方的内心需要，完成自我的成长，最后找到生命的力量。

2

采访人：**付洋**

采访对象：**徐震雷**，北京大学医学部心理教研室副教授、硕士生导师，北京大学第三医院执业医师，中国性学会副理事，青少年性健康教育专业委员会主任。主要研究方向：性治疗与性教育。

观点：中国女性的性意识已经觉醒，可惜只觉醒了一半。她们渴望性福，但把责任推到男人身上。女人的性福，应该由女人做主。

中国妻子只觉醒了一半

只觉醒了一半的妻子

在北医三院每周三下午的心理门诊中，徐震雷听到太多女人对丈夫床上表现的抱怨，既有关于性能力的，也有关于性技巧的。每当听到妻子们的这些抱怨，徐震雷首先感觉的是欣慰。因为，有需要，才会有不满；有不满，才会有抱怨。这是一件好事，表明她们的性意识已经开始觉醒。

可是这条觉醒之路，妻子们走得异常艰难。在徐震雷看来，中国的传统文化对女性有很深的束缚，它曾经让女性认为：性是不好的、肮脏的、令人羞耻的；女人对性应该采取冷漠、冷淡的态度；女人做爱的任务就是生孩子；生完孩子，就不应该有性生活。

而如果母亲因为性受到伤害，或者自己童年有过性创伤，甚至会形成这样的性观念：性是罪恶的。阴道痉挛是临床上一种常见的性心理及性生理障碍综合征。其中，50% 的阴道痉挛都是因为"性是罪恶"的性观念所导致的。

在这种扭曲、压抑的性观念影响下，妻子们不会抱怨丈夫的性能力，因为她们厌恶、排斥性生活，根本就没有性的需要与渴望。1988 年，徐震雷开始在北医三院出心理门诊，每周接待 5 个病人，极少有女性找他咨询性问题。她们谈孩子，谈婆媳问题，谈工作压力，谈伴侣的性格问题……就是对性闭口不谈。只要一牵扯到性，跑得比谁都快。

而事实上，性是夫妻生活一个极为重要的组成部分，很多夫妻情感问题都与不和谐的性有关。这种沉寂与禁锢，让徐震雷感到很遗憾。他仿佛看见平静的海面底下，藏着一座绝望的火山。

随着社会的日益开放和宽容，从 1995 年开始，来门诊咨询性问题的人越来越多。之后的 19 年里，徐震雷接待了近 2000 个咨询性问题的求助者，其中绝大多数是女性。妻子们终于勇敢地站出来，张开口，诉说自己的不满与渴望。

但是，令徐震雷感到非常纠结的是，女性性意识的觉醒，似乎只有一半。因为所有来咨询的妻子都认为，性福是由男人做主的——男人负责取悦她们，她们不用主动和投入，只需要等待和接受就好；而一旦性生活不和谐，责任就全在男人身上。

于是，在性生活中，出现了不参与、不投入、不表达的"三不"女人。她们和性冷淡女性的根本区别是，她们有性需求，所以不会逃避、拒绝性爱；她们渴望性福，如果性不和谐，还会向丈夫发泄不满，比如吵架。

不参与、不投入、不表达的"三不"女人

至今，徐震雷都对其中的一位妻子印象深刻。她对徐震雷抱怨说："徐医生，我怀疑我的丈夫那方面不行。结婚 5 年来，我从来没有一次满足过，更不要说高潮了！我觉得自己太可怜了，一看见卧室的床，就难过得想哭！"

和这对夫妻都聊过后，徐震雷发现，不是丈夫"不行"，而是妻子"不行"。她有性需要，但是把快乐的希望都寄托在丈夫身上，太依赖丈夫，从不参与前戏。每次做爱，她都是躺在床上不动弹，对丈夫说："开始吧！"丈夫的性功能正常，也非常努力地想取悦她。但是，无论他如何爱抚妻子的身体，妻子就是兴奋不起来。

妻子觉得，自己不兴奋，那肯定是丈夫"不懂"，性技巧不过关呀！所以就很不满。因为妻子一直不满，所以丈夫的心理压力越来越大。除非确定自己的身体处于最佳的状态，做了充分的准备，否则都不敢尝试。妻子又把丈夫的不敢尝试，理解为"不行"。结果，夫妻俩的性生活更加糟糕。

其实，女性的性心理，个体差异很大，并不是所有妻子躺在床上被动接受时，都不兴奋。但一般来说，前戏是两个人的事情，夫妻双方共同参与，才更可能得到感官上的愉悦，这样的性爱质量也会更高。

当徐震雷建议她积极地参与性爱时，这位妻子理直气壮地说了这样一番话："徐医生，我认为做爱就跟跳舞一样，女人会不会跳没关系，只要男人会引领就行。女人唯一要做的，就是跟随男人的舞步。如果舞跳得不好，那当然是男人的事！"徐震雷反问她："跳舞是两个人的事，如果你不握着他的手、不搭着他的肩、不配合他的节奏，他怎么跳得好？如果你一直踩他的脚，他还愿意继续和你跳下去吗？而且，男女平等，你为什么不能做那个引领者？"

　　这位妻子笑了，徐震雷生动的比喻，让她终于意识到自己之前的想法有多不合理。在徐震雷的建议下，她一改常态，开始积极地参与性爱。她会帮丈夫解纽扣、脱衣服，温柔地爱抚丈夫，积极地回应他……在这个参与的过程中，她调动了身体的所有感官，性兴奋一点点地积累起来，并且获得了高潮。后来，这位妻子再也没有抱怨过丈夫"不行"，而是努力地让自己"行"，让两个人在一起更愉悦。

　　"不投入"的典型表现是做爱时走神。徐震雷接待过一对夫妻。进屋时，妻子雄赳赳、气昂昂地在前面走，丈夫蔫头耷脑地跟在后面。妻子对徐震雷说："徐医生，我老公不行，他阳痿！"听见妻子的控诉，丈夫的头更抬不起来了。

　　经过咨询，徐震雷发现，丈夫早晨能够正常勃起，并不是阳痿，只是和妻子做爱时兴奋度不够。妻子觉得，做爱就是自己躺下来，让丈夫忙活。既然丈夫"不需要"她，她就开始想些乱七八糟的事：厕所的灯关没关？邻居会不会听见这里的动静？孩子会不会醒？甚至有一次，她做着做着，突然想到："呀，水费忘记交了，明天不会停水吧？"虽然她没有说话，但是注意力不集中，所以丈夫完全能够感觉到。

有一次做爱时，丈夫看见她不是闭着眼睛享受，而是眼珠子骨碌碌乱转，顿时感觉不对了。后来一想起妻子做爱会走神，他就兴奋不起来，所以也不能投入。

不了解女性性心理的人，通常会认为妻子走神一定是因为丈夫的性能力或技巧不行，"没本事"让她集中注意力。但是徐震雷认为，丈夫的性技巧、性能力只占很小的一部分，最主要的原因是妻子不够投入。自然和谐的性，是一个渐进的过程，要渐入佳境的。如果一开始不投入，那么，后面就很难进入平台期、高潮期。一个自然的人，在做自然的事情，这才是性爱最理想的状态。

值得一提的是，假如走神的内容是跟性有关的，比如，做爱时想起韩剧里某个英俊的男明星、逛商场时看见的帅气男导购……这种走神属于性幻想的范畴，能够让大脑兴奋。恰当地运用性幻想，对性和谐有一定帮助。

"不表达"的妻子，也让丈夫很头疼。有位妻子对徐震雷抱怨，丈夫太能折腾，花样太多，她都受不了了。听到这样的抱怨，一般人的第一反应是：这个丈夫是不是个性变态？是不是喜欢玩 SM ？

但是咨询后，徐震雷发现，丈夫的性爱没有问题。丈夫其实本来做得很好，但是妻子一直没有回馈。于是，他以为，妻子肯定是对自己千篇一律的体位感到厌烦了。为了能够让妻子"满意"，他从网上学习了 36 种体位，每次做爱，都跟妻子换不同的花样。结果，有些高难度的体位，反而让妻子难受了。

徐震雷说，"三不女人""三不"的根源是不做主、不负责的心理。除了社会环境影响的因素外，也与父母不完整的性教育有关。

因为受到西方性解放思潮的影响，有些思想开放的父母，接受了西方的性观念，相信性是美好的。在日常生活中，他们会在孩子面前有一些性的表现，比如接吻、拥抱这样的亲密行为；在教育孩子时，也会传递这种性观念。对于孩子在青春期喜欢异性，不会批评、阻拦。

但矛盾的是，他们往往不会大大方方地跟孩子谈性，在做爱方面，更不会给予孩子具体的引导。所以，在这种家庭长大的女孩，会倾向渴望亲密的情感。在性生活中，她们想要更好，却又不知道怎么做才能更好，于是干脆把责任一股脑儿地推给男人，让他们为性福负"全责"。好也是男人的事，坏也是男人的事。

那么，被这样对待的男人，又会是什么反应呢？

承担性福全责的丈夫伤不起

承担性福全责的男人，表示很有压力。

当妻子不参与、不投入或是不表达时，丈夫接收不到正确、积极的反馈，不知道如何做才能取悦妻子，自己的性满意度也越来越低。更多的男人开始专注于让自己更持久、频率更高、更快地勃起，以免被妻子扣上"不行"的帽子。

负全责的丈夫们，一个典型表现就是迷恋春药，也就是壮阳药。在网上，各种号称让男人更长、更粗、更持久的春药琳琅满目。徐震雷说，在中国，春药是禁止生产和销售的。春药能刺激男性的欲望，是因为它包含雄性激素。对于性功能正常的男性来说，过度补充雄性激素，会影响身体的平衡。

还有一些男性虽然不买春药，却开始吃伟哥，这是因为受到某些影视剧、媒体和网络的宣传误导，以为伟哥能够让男人更持久。当初伟哥的临床实验，就是在徐震雷所在的北大医学部做的。学校提交给国家两个报告：一是对于ED、阳痿的人，伟哥能够使勃起的时间增加；二是对于正常勃起的人，吃完伟哥后，不能延长勃起时间。所以，伟哥是医疗用药，而不是春药。对于性功能正常的人，它不能够延长勃起时间。

另外，目前在临床上，患上"不射精症"的男性越来越多。徐震雷接待过一对夫妻，因为妻子在床上比较矜持、含蓄，所以，丈夫觉得是妻子不满意，就拼命地控制，不让自己射精，来延长勃起时间。最后妻子终于高潮了，他的兴奋劲也过去了。久而久之，患上了不射精症。

徐震雷说，无论是男性还是女性的高潮，都需要一个扳机点。如果达不到扳机点，或者扳机点过了，那就很难高潮或射精。所以，做爱的时间，也不是越长越好。

另外，为了让妻子更满足，有些男性开始追求做一夜七次郎，向 A 片男优看齐。徐震雷说，男性在一次高潮后，有一个不应期。在不应期，无论怎么刺激，阴茎都难以勃起。如果硬把它催起来，可能会导致阳痿。

男性的性器官，也不是越长越好。有一位妻子，跟徐震雷抱怨丈夫的阴茎只有六七厘米长。丈夫既不愿意离开深爱的妻子，又不愿意耽误她，心里非常羞耻和痛苦。徐震雷告诉这对夫妻："别担心，六七厘米就够了！让女性达到性兴奋，是刺激阴道外 1/3 的部位，就在阴道口。虽然达不到 G 点高潮，但是可以达到阴道和阴蒂的高潮，女性一样能够享受性爱，拥有高潮的体验！"咨询后，这对夫妻重建了信心，拥有了和谐的性生活。

徐震雷说，现在关于男人阳痿、早泄的广告信息满天飞。如果，女人不是抱着为性福做主的心态，就会形成一个错误的性观念："为什么我不满足？因为男人阳痿，他不行；因为男人早泄，时间太短了！"而女人的这种性观念，必然会刺激男人，让他们走上歧路，最后让身心受到伤害。所以，女人必须为自己的性福做主。

女人，要为自己的性福做主

徐震雷说，为性福做主，包含两个方面：一方面，妻子要与丈夫一起分担性福的责任，主动、积极地参与性爱，适当地表达自己的性感受，甚至去做前戏的发动者；二是，女人有责任让自己愉悦，享受性爱，应该主动地探索自己的身体。

女人主动，并不是要表现得多么生猛、粗鲁、饥渴。而是，用巧妙的方法，来把自己的欲望表现出来，让自己表现得更女人、更性感、更柔软。譬如，说话的语气、语调温柔，有点儿挑逗性；穿性感的睡衣，抹一点儿香水，放一点儿浪漫的音乐……

被需要的感觉，会让丈夫更兴奋；而妻子传递性暗示的过程中，自己本身的兴奋性就会增加。两个人都兴奋后，再说一些甜言蜜语和互相挑逗的话；在性爱过程中，妻子自然地发出一点儿声音，给丈夫以回馈……这样兴奋就慢慢积累起来了。

有一位妻子，经过徐震雷的咨询后，每次做爱之前，都会播放拉丁舞曲。因为拉丁舞是非常火辣性感的，所以，丈夫一听就明白了。一句话都没说，彼此就很快进入状态。性方式是多种多样的，夫妻可以发挥自己的想象力和创造力，创造出适合彼此的性爱方式。

另外，女性应该主动地与丈夫进行沟通。沟通的地点不要在家里，而是去一些比较私密的地方，比如茶馆的包房。妻子和丈夫沟通时，要注意不要给对方压力。说话时，只谈自己的感受，不指责对方。只用主语是"我"的句式：我当时是什么感受；我感觉如果怎样，可能会更好；我希望拥有什么样的体验……这样，丈夫会比较容易接受。另外，可以多用生动的比喻来说性，比如，将性比喻为跳舞。

徐震雷鼓励女性对身体自我探索，比如自慰。因为自慰，是一种主动的性。拥有自慰经验的女性，更知道如何取悦自己，能更好地引领丈夫，所以，适当的自慰有助于夫妻性生活和谐。

但是，如果过度使用工具，会影响女性的性兴奋度。徐震雷接待过一对夫妻，结婚后，妻子每次都差一点儿，达不到高潮，试了两个月后，她认为老公不行，开始用仿真器械让自己满足。震动棒的强度是可以随意调节的。相比之下，她认为丈夫还不如震动棒好用，形成了依赖震动棒的习惯，跟丈夫的性生活越来越不和谐。其实性跟感情一样，需要 3 ～ 6 个月的磨合期，需要一个彼此调适、适应的过程。徐震雷建议她，扔掉震动棒，和丈夫一起探索彼此的身体。经过一段时间的努力，这对夫妻终于磨合成功，获得了性福。

其实，对于女人来说，让自己拥有性福，不仅是一种快乐和享受，也是一种责任。所以，女人的性福，女人要做主。

3

采访人：**张慧娟**

采访对象：**赵昱鲲**，清华大学心理学系幸福中心副主任，在全国推广幸福教育、幸福企业，用积极心理学的科学方法，开发出一套适合中国人的幸福方案，是中国积极心理学应用的领头人之一。美国宾夕法尼亚大学应用积极心理学硕士，师从"积极心理学之父"马丁·塞利格曼博士，参与创建了全球华人积极心理学协会并任副主席，著有《消极时代的积极人生》。

观点：幸福不是你未来的目标，而是你当下的状态；幸福是你内心生活方式的体现，而不是你要到达的终点。

中国人的幸福解决方案

组过乐队，得过文学奖，参加过反对美国前总统布什的草根政治活动，"文艺青年"赵昱鲲在美国罗格斯大学读的却是化学和计算机硕士。难怪当他辞去纽约金融公司的工作，去读积极心理学硕士的时候，班里的同学都疑惑不解：这个"满脑子数学、一肚子逻辑"的"书呆子"来这里干什么？

赵昱鲲说，他是追着人生意义、问着幸福是什么而去的。他发现，积极心理学是研究幸福以及意义、成就、爱的学科，是研究"什么使人生值得度过"的。他不仅自己爱上了这门学科，也希望能有更多的人明白：每个人都有让自己幸福的责任和能力；当幸福成为自己内心的选择时，我们才找对了地方，才能进入正确的幸福区域。

幸福真的是"猫吃鱼，狗吃肉，奥特曼打小怪兽"

你可以选择幸福快乐地度过一生，也可以选择悲观绝望地度过一生，但如果幸福快乐有很多好处，又为什么选择"不幸福"呢？

194

积极心理学研究发现，幸福快乐的人更有创造力、思维更全面，更容易找到人生意义，与他人的关系更好，能够体会到更多的爱和感恩。

可幸福在哪里？

赵昱鲲认为，追问"幸福在哪里"本身就是个错误的问题，因为幸福不是在哪个具体的地方，而是在生活中的每分每秒；幸福不是你未来的目标，而是你当下的状态；幸福是你内心生活方式的体现，而不是你要到达的终点。执着于"幸福在哪里"，就相当于把幸福变成了一道选择题或者是填空题，比如结婚生子，比如升官发财。可真的实现了这些愿望之后，你就真的幸福了吗？

说到幸福，曾经流行过一句话：幸福就是猫吃鱼，狗吃肉，奥特曼打小怪兽。几次全国范围的大规模调查显示：许多人都认为"赚到钱才能幸福"，这在某种程度上似乎支持了"幸福就是猫吃鱼，狗吃肉"。可有了钱，就真的一定会幸福吗？答案当然是否定的。

搜狐董事局主席张朝阳，在 2011 年就被《福布斯》估计身价达到 34 亿元，但他却得了抑郁症。他在接受访谈时说："以前我曾经认为，越有钱、越有名气，就越幸福。但是经过这两年的闭关，我认为钱多不是幸福的保证，钱多少跟幸福没关系。我这么有钱，却这么痛苦。越有钱、越成功，如果没有管理好自己，往往越容易让自己陷入精神的痛苦之中。"

既然答案是否定的，为什么还有那么多人在不停地追求外在目标呢？赵昱鲲说，原因很简单，外在因素更容易观测，比内心因素更明显、更容易衡量，所以人们往往高估了这些外在因素，也就更倾心于对它们的追逐。

赵昱鲲听过一个笑话，讲的是一个人在晚上丢了把钥匙，他到路灯下不停地寻找。有人问他，你的钥匙是丢在这里吗？他说，不是，但只有这里能看得见。当然这只是个笑话，但赵昱鲲觉得，很多人对于幸福的认识也犯了这样的错，他们以为幸福就是能看得见、摸得着的，比如名利，却疏忽了那些看不见的东西，比如心态、想法、接人待物的方式。

包括金钱在内的这些外在因素，对我们的幸福而言，并没有我们想象的那么重要。不然为什么经济发展了，但人们的幸福感却并无提高。当然，对于经济状况非常不好的人来说，金钱是能够迅速提升幸福感的，但并不能长久提升幸福感。而且科学研究表明，把钱看得越重的人，越不幸福。

那些毁掉幸福快乐的东西

很多人都希望自己幸福快乐，但很多东西却毁了我们的幸福快乐，比如攀比、面子、过度追求成就等。

赵昱鲲用了一种奇特的物种来形容，那就是"别人家的小孩"。

我们在生活中也许不难听到这样的话："别人家的小孩从来不玩游戏，天天只知道学习；别人家的小孩长得好看又听话；别人家的小孩次次都是年级第一……"这奇特"物种"就是随着人们的比较和攀比孕育而生的。

不少人认为，幸福就是盖过别人、比别人过得好，可盖过别人就真的会幸福吗？

"攀比心能让你在盖过别人的时候稍稍幸福一下，但这个幸福很短暂，因为你会继续习惯性地与人比较和攀比。如此循环下来，你就会陷入一个恶性循环中，然后就会像一个疯狂老鼠一样，在拼命奔跑。也许这样的奔跑会让你取得一些物质成就，但你却在幸福的感受上一无所获，你甚至感受到的是痛苦。"赵昱鲲认为，攀比心不但不会让我们幸福，反而会把我们推向不幸；攀比心越强的人越不幸福，而越幸福的人越少跟人攀比。

可攀比又似乎无法完全避免，赵昱鲲认为，也许我们无法做到一点儿都不攀比，但最起码应该做到以下两点：

第一，不要拿自己不能改变的事情来攀比，比如，自己的出身等。

常常会有些人怨恨自己的出身，感叹自己的父母为什么非富非官？赵昱鲲自己也小有体会，他出生在农村，父母都是普通人，有时候看别人像坐缆车一样直达山顶，自己却在盘山公路上一圈又一圈费力地向上走，心中也会小小感慨一下。

"如果这个时候，你只一味沉浸在攀比、对比中，内心自然会越来越失衡。每个人的人生都是不同的，我们要勇于接受自己的过去，或者是无法改变的事实，这样不至于'一根筋'，我们可以把更多的注意力放在可以改变的事情上。比如，在工作上多一些努力、对家人多一些关心等等，这些'可以改变的事情'是可以给人带来更多幸福的。"

第二，如果实在要跟人比，那就在跟人比的过程中，看看在多大程度上改变了自己。

比如，父母给你留下 1000 元钱的资本，你通过努力，把它变成 100 万；别人的父母给他留下 10 万块钱的资本，他把它变成 1000 万。从绝对数目上看，好像他比你厉害，但从过程来看，其实你比他牛。

赵昱鲲把跟人攀比比作是"把自己的幸福拱手让人"。"怎么能做到最好的自己，是你能控制的；但怎么能做到全世界最好、比别人好，却不是你能决定的。幸福的人是用内心的标准来评判自己，但不幸福的人却用别人的标准来评判自己。每个人的人生都是不同的，我们应该做的就是，达到最好的自己。"

与攀比关联的是面子和虚荣。面子虽然能带来一时之快，但如果过度膨胀，必然会妨碍我们感受真正的快乐。当一个人发现自己所追求的大多是别人艳羡的目光，那么就要警惕被面子心理劫持了。"我们需要把注意力从别人的眼光中转移到自己的身上，真正放下别人眼光的同时，就可以去享受和追求真正的幸福了。"

怎么把注意力从别人的眼光中转移到自己身上？关键是要找到自我，建立自己的评价体系，而不是按照别人的评价体系去过活。当你明白，自己有着独一无二的价值、过着独一无二的人生时，你也许就不是那么在乎别人的眼光了。当然，这也许并不容易，你首先要接受自己，才有勇气面对自己，坦然面对别人的眼光。

"积极心理学之父"塞利格曼认为，人生福祉有 5 个成分：快乐、成就、投入、人际关系和人生意义。由此可见，成就也是幸福的重要来源之一，因为它能给我们带来生存和繁衍的优势。但过度追求的话，不但感受不到幸福，还会让很多人遭遇不幸，他们会为挣不到钱苦恼，会为爬不到更高的位置而焦虑，甚至会不择手段地去获取这些。

赵昱鲲说，他反对过度追求成就，但也反对完全放弃对成就的追求，其中的关键就在于平衡。"一个人如果一点儿成就都没有，只想懒散地享受、不肯奋斗，力量就会萎缩，心理也会变得空虚不安。所以人必须有所成就，只是别陷入过度追求就好；而且要把'成就'的范围扩大，并不局限在金钱、地位等方面，让成就变成自己的一个爱好或者特长。"塞利格曼用了一个更准确的词语来表达这种平衡，那就是"发挥自己的优势"。发挥自己的优势时，你不仅能获得成就，这个过程本身就是高质量的幸福来源。

投入也是一种幸福

赵昱鲲说，有一种东西叫"心流"，就是你忘记周围、时间和自己，完全投入到当前事情中的一种状态，常体验心流的人会更幸福。

一项调查显示：那些有爱好的人，无论这爱好是运动、是学习，还是其他，经常能体验到心流。经常体验到心流的人，在幸福测试中的得分远远超过不常体验到心流的人。

心流为什么能提升幸福感？因为心流能建构未来的心理资本。在心流体验中，当你全身心地投入到一件有意思的事中，就会不再注意自己的感受，心流能有效地减少抑郁；第二，快乐的感觉能让我们的心理得到满足，让心理得到成长。

正因为如此，国外有专家建议，我们应该投入地去工作，从而获得"心流"，而不是敷衍应付。有很多人没有从工作中收获心流，反倒在消耗自己的精力应付工作，把工作当成负担，这样的人肯定是无法获得幸福的。

赵昱鲲说，获得心流体验，首先要发掘自己的优势和美德。优势和美德不仅能让人体验到更多的心流、收获更多的成就、产生更多的快乐，还能让你与他人的关系变得更融洽。

其次，要想获得心流，就要培育内在的动机。同样一份工作，有些人只当成挣钱的工具，但有些人却从中感受到了乐趣。

某机械厂有一位工人，他的工作是电焊，有时候还会修一下坏了的机器。他们工厂的环境很恶劣，夏天热得像烤箱，冬天冷得像冰柜。其他同事上班的时候总是愁眉苦脸，甚至怨声载道，但他却非常喜欢自己的工作。因为他喜欢机械，在他看来，自己不是在修机器，而是在探险，每一次检查机器的过程就是一次探险，其中的乐趣只有他自己知道。而其他同事也许只是把这份工作当成了谋生的手段，所以他们会厌恶。可他却在其中体会到了乐趣，感受到了"心流"。还有什么比做自己喜欢的事情，同时又能挣到钱更快乐呢？

　　还有一位老妇人，当别人问她最喜欢做什么时，她会毫不犹豫地说："放牛、挤奶、修剪果树。"有人问她：等你有钱了，你会喜欢做什么？她的答案还是"放牛、挤奶、修剪果树"。她已经 80 岁了，却精神矍铄，她已经从那些单调的工作中获得了强大的"心流"。

　　当你做事变成一种"自觉"，而不是为了外在的报酬，换句话说，"当事情本身就是目的"的时候，你就能体会到幸福和快乐。但如果你太在意外在动机，比如报酬、地位、面子等，你就很难从一件事情或者工作中体验到心流，也就很难在一件事情或者工作中感到幸福和快乐。

　　"我们应该看到的是，一份多么无聊的工作，都会有人从中找到乐趣。这大概就是幸福和不幸福之间的区别吧！"

"三件好事"和"感恩拜访"

几乎每次有人问赵昱鲲怎样才能幸福的时候，他第一推荐的就是 "三件好事"（当然你可以有更多）。

"三件好事"让我们更多地关注正面信息，从一些负面信息中转移视线。这些好事不一定是升职、加薪，而可以是一些日常生活中常见的小事，比如，吃了什么好吃的、读了什么好书、遇上谁帮了自己等等。如果你确实没有记录的习惯，那么你可以选择每天晚上跟自己的家人说说今天发生了什么好事，但这样做的坏处是，将来不能再翻看，好处是，多了和家人一起分享的过程。

赵昱鲲清楚地记得，自己开始记"三件好事"的过程。

2008 年生日的那天，赵昱鲲和太太王婉，手拉着手走在哈得孙河边。哈得孙河是一条非常美丽的河，河对面就是纽约，两个人一边走，一边看着河边的美景。走着走着，他们来到王婉所工作的小镇。

小镇上有一家书店，王婉拉着赵昱鲲走了进去，她买了一个漂亮的笔记本递到赵昱鲲手里，希望他开始记录"三件好事"。接过笔记本，赵昱鲲非常高兴，因为那段时间，他刚学完"三件好事"，正准备实践。

从那天起，赵昱鲲每天睡觉前，都会记录发生在自己身上的好事，有时候不止三件，甚至更多。半年后，赵昱鲲停止了记录，他发现自己已经养成了注意身边好事的习惯，不必再用这样的记录形式了。

与"三件好事"要同时提的就是"感恩拜访"。一项研究表明：与幸福最息息相关的 3 种优势之一便是感恩。我们在日常生活中也许能体会到这一点，一个充满感激、对过往的经历感到幸运的人，和一个经常唉声叹气、对周围的人充满抱怨的人比较，哪个更幸福？答案自然是前者。懂得感恩的人，痛苦回忆会比较少、程度也比较弱。感恩是一种有效应对压力和创伤的方法。感恩和幸福的关系是双向的，感恩的人更幸福，而幸福的人也更懂得感恩。

"不管你现在的感恩能力如何，只要做一些感恩练习，你会变得更懂得感恩，也会变得更幸福。"赵昱鲲所说的感恩练习，就是"感恩拜访"：写一封信给一个你一直想感谢的人，然后去拜访他，并把信念给他听。

"感恩拜访"能最大程度地提高人们的幸福感，所以有人把"感恩拜访"称为"幸福强心剂"。

赵昱鲲给妻子王婉写感恩信的那天是个温暖的日子。赵昱鲲写完信，本想当面读给王婉听，但想来想去，最后还是放弃了。他在信封上认真写下"王婉收"3 个字，就投进自家的邮箱里了。下午的时候，赵昱鲲借口说自己"腾不出空来"，让王婉去取信。

王婉没有多想，就去了。

好久，王婉都没有回来，赵昱鲲知道，她一定是看了那封信。王婉进来的时候，眼睛红红的。"你看过了是吗？"赵昱鲲问。王婉羞涩地点点头，说自己很感动，随后两个人轻轻地拥抱在一起……

感恩信和"三件好事"让赵昱鲲更懂得关注美好的事情，也更懂得感恩，他在其中体会到更多的幸福。

赵昱鲲说："活在当下，侵蚀我们幸福的因素有很多，但这并不意味着我们就无法获得幸福。一个人如何获得幸福、如何过积极的人生，主要取决于内心，而非外在的因素。也就是说，你幸福的责任不在于其他人，而在于你自己。

你可以选择为自己的心灵汲取哪种养分，也可以选择如何认识和面对这个世界，并最终选择自己的人生意义。你能通过自己的选择而改变的幸福，才是真正与你有关的幸福。"

4

采访人：**张慧娟**

采访对象：**柏燕谊**，心理咨询师。著有《爱情很残酷，你要学点擒拿术》《女人挖坑男人跳》《不要自己坑自己》等多部作品。透过女性的视角来解读情感，观察不流于表面，而是用心理学的思维关注人性本身。

观点：女人必须明白，在情感关系里，也许最重要的不是"男人想要什么"，而是"女人想要什么"。

教你学点爱情擒拿术

遇到喜欢的男人该不该追，怎么追？女人能不能主动，又该怎么主动？很多女人都有小女孩梦，可你能一辈子都做小萝莉吗？很多女性从职场撤兵回归家庭，可做全职太太有那么逍遥吗……

情感的世界里错综复杂，有的错误可以犯，但有的错误决不能犯。如何让自己少走弯路、少犯错？跟着柏燕谊学点"擒拿格斗"，没准你会成为爱情赢家，在爱情中有技巧地爱男人、无条件地爱自己，打赢爱情这一仗。

女人可不可以积极主动

不少人都认为：女人还是不要太主动，一定要等男人来追。但柏燕谊却认为，在这个狼多肉少的年代，女人在情感上如果不主动，是没有活路的。当然，女人主动，并不意味着要对男人表白"我喜欢你"，因为只要表白，女性被拒绝的概率高达50%，这就把自己置于被动的境地。就像武林高手对决，先出招的人总是面临被人抓住破绽的危险。

所以，女人的主动，其实是在言行中给男人"你可以来追我"的暗示，这种主动的暗示，比你坐在那儿等的机会大，比你主动表白的风险小，应该算是最聪明的做法。

说起"积极主动争取爱情"，柏燕谊自己就是个活生生的例子。

想当年，她跟朋友去参加一个驴友见面会，朋友要跟那帮驴友组团去西藏。柏燕谊很好奇，一群陌生人怎么就能一起去旅游，她想去看看。在那里，她遇上了自己喜欢的男人。可喜欢归喜欢，谁知道人家是单还是双？

为了排查摸底，柏燕谊耍了回"小心眼"。

当时是 9 月 10 日，中秋节近在咫尺，她便装作不经意地问他："马上要过中秋节了，你一个人出去，媳妇不生气吗？"他想都没想地说："没媳妇。"她一听，心里不禁偷着乐：还单着，看来有机会。接着，她又几次"不经意"地发问，把他的"背景资料"摸得一清二楚。

临走时她跟他交换了名片，但她看得出来，他对自己没有一见钟情。于是想，得再见他一次。

回去后，她想起他说喜欢旅游和摄影，这次去西藏正打算拍些片子，便给他打电话说，自己家有个朋友送的三脚架，但不怎么会用，不如他去西藏先试用，回来再教教她。

他没有拒绝。

于是她"再见他一次"的愿望得逞。

那天，两个人约在金鼎轩。吃饭的时候，他提到自己还缺一顶防风帽，她一听马上说，自己知道一家不错的户外用品网店，他可以先去实体店看型号，然后再去网店买；她还说，自己正好想买一根登山杖，不如一起去看看。

他说，好。

虽然那根登山杖，直到现在她都没有用过，但当时它发挥的作用却不小。

几天后，他去了西藏，每到一处就会给她发来照片，比如他到了哪座山、去了哪个景点。为了增加彼此的共同语言，她就去百度搜索当地信息，了解在这个地方有什么典故、在那个地方会有什么样的心境，查明白了、琢磨透了，她就会给他发一首自己写的小诗，烘托他的"此情此景"。还别说，她的心思没白费，他觉得她"特懂"。她一边窃窃地小喜悦，一边收获了不少知识。

后来呢？还用说，两个人恋爱了。

再往后呢？结婚了。

谈到结婚，再讲讲她积极主动"逼婚"的那一次吧！

两个人谈了两三个月恋爱之后，既见了双方家长，也知道彼此是要走进婚姻的人，可她就是不见他有一句明确的表白，这让她心里大为不悦。要知道，女人有时候需要一种契约式的东西，内心才会踏实，无论是纸上的，还是口头的。

一天，两个人去一个朋友家，对方属于不吵架不张嘴、一张嘴必吵架的夫妻，结婚十几年了，还免不了为鸡毛蒜皮的小事儿吵个不停。回来的路上，她就开始借题发挥，她跟他说："结婚太可怕了，他们俩还是高中同学，感情不好怎么能结婚？可结了婚怎么就成这样了？我还是先不结了。"

她一边说，一边狠狠地想：不给你点压力真不行！还别说，真起到了效果。他一听就急了，把车停在路边，开始给她做思想工作："你别瞎琢磨来琢磨去，他们是他们，我们是我们。"

"我爸妈刚离开北京，你就欺负我。结婚这事你让我再琢磨琢磨，反正我是怕了。"她一边说，一边掉眼泪，还一边想：这男人真傻，怎么就不知道把那话说出来？"不行，你必须嫁给我！等你爸妈回北京，我们商量个日子，赶紧把这事办了吧！"

她没有说话，一边擦着眼泪，一边心里偷着乐："哎呀妈呀，你终于说出口了，真费劲！"

再往后呢？她就"闪"了，不是闪人了，而是闪婚了：两人相识不到3个月，她就跟他结婚了。

虽然"积极主动"成就了一段美满的婚姻，但柏燕谊还是给女性一些建议：上赶着不是买卖，这其中的分寸得拿捏好。

女人，能当一辈子"小萝莉"吗

不知道是谁，把"像个小孩的女人最可爱"这种骗死人不偿命的话，深深植入了女人的心里，于是，总有那么一批又一批的女人，朝"小女孩"的方向孜孜不倦努力着，可这种努力，真的让男人那么喜欢吗？

柏燕谊的身边就有这样的故事，看了你自然就有答案了。

有一次聚会，她的一个男性朋友突然跟大家宣布："我想离婚了。"听到的人个个目瞪口呆，要知道，他可有个漂亮又小鸟依人的妻子。他苦笑着说，就是这该死的"小鸟依人"让他越来越崩溃。

"结婚都十几年了，她还刻意把自己当小女孩。"他开始历数她的种种不是。比如，一天下班的时候，他回去晚了些，她还等他回来做饭，先打电话问他晚上吃什么饭。他说："吃炒饼吧，你先去买炒饼，再买些葱。"

本来是件挺简单的事儿，可她却越弄越复杂，嗲声问他："葱是买大的，还是买小的？是买粗的，还是买细的？是买小白葱，还是小绿葱？"他一一解答，但这还没完，她又问："烙饼是让人家切好丝，还是我回来切？"他说："让人家切吧，机器方便。"她又问："是要宽的还是细的？"他说："宽的，但不用太宽。"她又嗲声问："多宽叫不宽啊？"

他在电话这端听得歇斯底里，可她还在那边嗲个没完。要知道，她都买过多少次葱了，可如今还在买小白葱还是小绿葱的问题上装"幼稚"。

不仅如此，她还要他时时刻刻宠着她、时时刻刻关注她，每天都会特别天真地问他：你爱不爱我，都爱我什么？并且一遍遍地问。而且，明明是一个大脑健全的女子，却总说自己这干不了、那干不了，最后都得他来干。

以前，他宠着她、呵护着她、由着她的性子来，可十几年过去了，他想，婴儿也该长大了、懂事了，可她还一切照旧。他也有累、烦的时候，他也有需要被人疼、被人爱的时候，可还不能发火。他记得曾对她发过一次不大不小的火，可她哪受得了，抱着电话就哭个不停，还是那种娇滴滴的哭，当时正在外面忙碌的他那个凌乱。

这些年，他越来越受不了，总怕好好的自己哪天被她折磨疯了。想了又想，他才生出离婚的念头。

离婚哪是那么容易的事？照她的脾性，还不得哭死？聚会的朋友个个上来劝。可他说了，一切都规划好了：先去办一套留学的手续，然后向她提离婚；她肯定不同意，不同意他就去留学。留学两年就算分居两年，到时候离不离就不由她了。这计划真够"用心险恶"，可他说了，都是"小鸟依人"逼的。

看看这结局，答案自然就出来了，估计哪个男人都受不了自己的另一半"十年如一日"地像个"小女孩"。男人喜欢的可能是，一个成熟的女人偶然展现出可爱的一面，这样的情形，既能满足男人隐秘的性冲动，又不会令他们产生过重的心理负担。如果男人对你说"我会把你当成孩子，宠你一辈子"，这样的话，女人还是听听算了。

再来看看咱们的"小女孩们"，她们大概明白，当个孩子是轻松的。柏燕谊认为，从心理技巧上来说，这是一种巧妙的逃避。她们觉得：我是一个孩子，所以你必须对我负责、对我好，我做错任何事你都不能责备我；而且你必须把好的东西都给我，不然，你就没有尽到一个做大人的责任。

可做孩子，你就必须面对孩子必然要面对的处境：一个是，你必须依靠成人生活；另一个是，对于成人给予的伤害是无力抵抗的。这实在是一笔风险大于收益的不划算的买卖。

柏燕谊见过一些家庭，因为母亲同时扮演着妻子和女儿的角色，导致孩子在自己的家庭里找不到位置，并因此出现种种心理问题。

她接过这样一个咨询。女孩9岁，患了抑郁症。母亲怀她的时候，内心就有些不太接受，总觉得自己像孩子、还需要老公照顾，不知道该如何面对这个小生命。女孩出生后，由于父母忙碌，便将她送回老家，由奶奶照顾。

一年只能见父母一次，这让女孩很是想念。终于6岁那年，她被父母接到了身边上小学，这让女孩满心欢喜，可她的痛苦也随之而来。原来，女儿来了之后，母亲还是常常在父亲面前撒娇、表现得像个争宠的小女孩。而父亲也没有意识到这些，一如既往地宠爱妻子。看着爸爸妈妈"恩爱"而无暇顾及自己，小女孩常常觉得自己是多余的。

有一次，夫妻俩在卧室的时候，把门关上了，然后在里面亲昵地打打闹闹。女孩就搬了个小凳子，坐在父母的卧室外面，一边听一边掉眼泪，她不知道，父母为什么不能叫她进去一起玩。时间一长，女孩的性格越来越内向，最后变得越来越不爱说话。

来咨询的那天，母亲一直无辜地流眼泪，说他们对孩子其实挺好的，经常买这买那。一旁的丈夫见她哭得太伤心，就一边搂着她，一边安慰她，像在哄孩子。而他们的女儿则坐在不远处，表情木然地看着眼前的父母……那场景让柏燕谊很触动。

都说"三十而立、四十不惑"，柏燕谊觉得，对女人又何尝不是呢？

全职太太是不是真的很逍遥

柏燕谊说，时代在变，变得让人有些琢磨不透。当年，他们大学毕业的时候，人们热衷的是去外企当白领，回归家庭的选择反而被看成是一种另类。可如今，却有不少女性选择了做家庭主妇。可家庭主妇真有那么好当吗？

柏燕谊认识一个妈妈，家里经济条件富足，在孩子出生之后，就开始在家里做起了全职妈妈。刚开始的时候，她小日子过得还算滋润，收拾收拾家务、带带孩子，闲暇的时候还来两针十字绣。可孩子两岁的时候，有一天，老公突然跟她说："反正你也没事干，要不我们再生个孩子吧！"她一听，心里说不出是什么滋味，她想：难道我是生育工具吗？她觉得日子不能再这么过下去，便决定出门工作。

后来，她开了一家小店，除了卖一些小工艺品，还卖自己的十字绣。老公十分不解，甚至觉得可笑："咱家也不缺钱，再说，你干点什么不行，想工作可以到我公司里来。"她带着怒气回了他句："那是你的价值，不是我的价值。"

她后来说，那段时间她突然觉得，再不进入社会，没准就要被社会"抛弃"了。虽然小店的规模不大，工作人员连她在内只有3个人，但她觉得自己很快乐，毕竟店是自己的。

柏燕谊说，其实全职太太没有想象中那么好当，很多女性在家里待的时间一长，就会发现问题来了。

首先，她们在经济上是不独立的，原来从老板手里拿钱，现在却要从老公手里拿钱。可伸手要的次数多了，难免没了自主感，甚至还会有"寄人篱下"的感觉。

其次，做家务其实是件挺琐碎的事，应该算是一份工作了。但女性以妻子的身份来做这件事的话，丈夫就会觉得，它是生活，而不是工作。

时间一长，妻子难免会想：我做了这么多，却没有体现出"价值"，毕竟丈夫看到的价值是有形的，尤其是物质的。这么一想，妻子就会觉得有些"亏"，然后就希望丈夫能够给予认可，比如，肯定、鼓励、表扬，甚至是物质奖励（把花销从3000元涨到5000元），让妻子买些自己喜欢的东西。妻子未必会买，却觉得自己得到了认可和温暖。

但中国男性很多都意识不到这些，也不知道该用怎样的方式给予妻子认可。女性的索要开始会让男人觉得"莫名其妙"，后来会变成"不可理喻"，再后来就变成了厌恶。恶性循环时间长了，最后就变成了夫妻矛盾。很多男人不知道，其实劳和酬并不全是物质层面的，有时候也需要精神上的，但他们却常常忽略这一点。

另外，在家里待久了，人容易变得慵懒，能躺着就不坐着，这对于女性来说是大敌，老化和发胖的速度是惊人的。网上曾有一个帖子，说起来像笑话，却似乎能给我们一些思考。说一个导游接待了一个温州老板团，人到中年风度翩翩的老板们天天跟年轻漂亮的老婆打牌，但他们的妈妈都会在一旁盯着。后来，导游跟这些"妈妈"聊天之后，被雷到了：原来她们不是妈妈，而是这些老板正宗的原配。

柏燕谊说，当你感到工作压力大想要放弃的时候，如果你亲爱的老公跟你说了句"别做了，我养你"，你感动归感动，但千万别昏了头。当好全职太太，没有想象中那么容易，你必须有聪明才智，有一颗坚强的心，还要有一根比鞋带还粗壮的神经。

在爱情中巧用心理学的智慧，是柏燕谊"擒拿术"的核心，它帮助那些懂得爱、想要爱的人，找到爱情的美好感觉、设计幸福的人生。

5

采访人：**付洋**

采访对象：**胡佩诚**，北京大学医学部医学心理教研室教授，博士生导师，兼任国家一级学会中国性学会学术委员会主任，中国高等教育医学心理学教育会原会长，《中国性科学》杂志主编。

观点：性是爱的表达，爱是性的最好催化剂。性温暖，不仅要在家居设计上用心，更要在感情上增加温度。

给性增加点儿温度

我是医学心理医生，工作没那么火爆

招募志愿者进行性反应的观察实验，使用多种仪器记录人类的性反应……看到美剧《性爱大师》（剧中主角原型是威廉·马斯特斯与妻子弗吉尼亚·约翰逊）的做法，人们开始好奇：在中国，能这样做吗？

接受记者采访时，胡佩诚给出的答案是："我只是一位医学心理专家；美国侧重实验研究，我们则侧重临床心理咨询；我们的工作没有那么火爆，我个人也不喜欢高调。"

确实，胡佩诚的处事风格异常低调。早在 2008 年，胡佩诚就在柏林获得了赫希菲尔德国际性学大奖。这是世界性学领域非常高的一个奖项，人们俗称是性学的诺贝尔奖。在此之前，亚洲学者中只有刘达临获过此项殊荣。然而，在很长一段时间里，胡佩诚的领导和同事们，只知道他是北医最高奖项"桃李奖"的获得者，因为胡佩诚根本没把获奖的事报告给学校。他被美国临床性科学院聘为客座教授的事，也没几个人知道。

从 1984 年至今的 30 多年里，胡佩诚一共接待了 1 万多名性心理求助者。但在北医三院的心理门诊科，他的身份是医学心理专家，只在"擅长疾病"那一栏，低调地加了一句"心理与性问题"。

留美多年的胡佩诚之所以低调，是因为他清楚地知道：中国和美国的国情是完全不同的，如果掌握不好尺度，会惹来很多麻烦。由于二十世纪六七十年代的性解放运动，某些色情杂志在美国合法化了。但是，生动描写性活动以刺激人的出版物在中国是一种违法出版物。在中国做性方面的研究与工作，最重要的就是要有法律意识。

每次带学生时，胡佩诚都会不厌其烦地叮嘱大家遵守性心理治疗的职业道德："性心理治疗，只做心理层面的沟通；不要碰患者的身体，不要看患者的隐私部位；生理检查，一定要让临床医生来做；临床医生检查异性患者，必须有第三人在场，比如护士；性治疗时，绝对不能播放淫秽、黄色的录像……"所以，做性心理治疗时，非但不"刺激""过瘾"，反而需要更加谨慎。

学生们往往纠结的是最后一条："老师，不能播放录像，我们能怎么办？""用示意图、模型来演示，一样能讲清楚嘛！"

别看胡佩诚回答得很轻松，其实，他也曾纠结了好些年。讲得清楚，不代表能产生刺激的治疗效果。因为性这个事太敏感，国内没有专门用于性治疗的录像，连正规的性教育片都少见。

近年来，胡佩诚特意带着学生一起制作了一部性教育片。他说："我遵循中国文化制作的，全是用三维动画演示，没有真人。既不违法，又能达到性治疗的目的，两全其美！"

性爱大师所忽视的"欲望"

性爱大师威廉·马斯特斯与弗吉尼亚·约翰逊的卓越贡献，是发现人的性反应周期要经历4个阶段：兴奋期、平台期、高潮期和消退期。胡佩诚说，随着性学研究的深入，国内外性学专家普遍认为，在"兴奋期"之前有一个"性欲期"，也就是说，在性的过程中，性欲是一件必不可少的事。

在现实生活中，我们常常听到这样的说法：男人是用下半身思考的动物，男人天生就好色，女人天生就对这种事没兴趣……好像男人无时无刻不在欲望中。胡佩诚解释说，虽然没有测量欲望的工具，但国内外学者普遍认为，在性欲方面，男性与女性是相当的。也就是说，男性的性欲并不比女性强。

我们之所以看到很多女性欲望偏低，甚至没有性欲，这是女性性欲受到文化压抑的结果。很多时候，如果女性欲望高，她就会被贴上"荡妇"的标签。他举了一个例子：如果男人在口袋里放避孕套，被认为是负责任的好男人；可如果女人在口袋里放避孕套，则被认为是淫荡的坏女人。令人遗憾的是，这种狭隘偏颇的观点，不仅在中国盛行，在性观念开放的欧美国家，竟然也很常见。

而另一方面，性欲会受到很多因素的影响，包括遗传、激素水平、感官刺激、性经验、环境、文化、精神状态、年龄、健康等等。比如，刚下飞机，身体疲惫；环境影响，房间不隔音；突发事件，手机响了或者有人敲门……这些情况，都可能导致性欲瞬间消失。

伦敦大学性心理学者彼特拉·博因顿也曾经说过："压力和疲劳是性激情的最大杀手！一个人没有时间和精力享受性生活，这将意味着他没有时间和精力享受美好的人生！"然而遗憾的是，很多人没有意识到这一点。胡佩诚就接触过很多因为压力和疲劳，导致没有性欲的男性。

有一个男人在 30 岁时辞职读博。在读博的最后一年，他每天起早贪黑地写博士论文。如果论文通不过，4 年的辛苦就白费了。没有博士学历，想找到一份理想的工作也很困难，所以他的心理压力非常大，而且身体也过度疲劳。

他的妻子工作比较轻松，每天可以看看报纸，喝喝茶。因为没有孩子，家务活不繁重，晚上的精力非常充沛。她认为，男人每天都想那回事，肯定乐意做爱；而且如果不把丈夫"榨光"，可能会有外遇的风险。所以，她非常主动，经常暗示丈夫过性生活。

丈夫连欲望都没有，自然也很难兴奋起来。为了满足妻子的要求，他在精神和身体都没准备好的状况下，不得不勉强行事。

妻子自然没办法满足，他就更加焦虑和紧张。结果，学业的压力、疲惫的身体、焦虑紧张的情绪叠加在一起，导致他患上勃起功能障碍。哪怕看见妻子的裸体，也无法正常勃起。

然而，这位妻子又把丈夫的不行，归咎为不爱她，因此更加生气。她还给丈夫下了最后通牒："你要是3个月内不能勃起，咱俩就离婚！"因为妻子不能体贴自己的心情，没等3个月，丈夫就主动提出了离婚。

胡佩诚接待这个男人时，他已经和妻子离婚了。面对这个内心遭受创伤的男人，胡佩诚首先把问题"一般化"，告诉他："这种情况，目前有不少男人遇到了！""一般化"原则，能够缓解他的心理压力。

在谈话的互动中，胡佩诚让他自己意识到，阴茎是一个极为敏感的器官，会受到很多因素的影响，让他意识到，这不是他个人的问题，进一步帮他减压。这个男人如梦初醒："难怪我越对自己说，一定要起来，它就越不行呢！"

胡佩诚说："性就是一件自然而然的事，越放松越好！关键是，你得'真放松'。如果，你一直在心里对自己说，我得放松，我别着急，其实是'假放松'，更难放松，也就是更紧张！"

在咨询中，胡佩诚还推荐他看了一部具有启发意义的外国电影。在电影里，男主人公也有阳痿的问题，非常苦恼。有一次，夫妻俩在放松温馨的情况下互诉衷肠。昏暗的灯光下，当妻子去爱抚丈夫时，丈夫竟然奇迹地勃起了……胡佩诚通过这部影片，让这位男患者意识到：只有在不刻意的状况下，只有在没有心理压力的时候，勃起问题才能解决。而只要恢复一次自信，以后次次都行了。

有人认为，男人面对年轻漂亮的女人，肯定有欲望。胡佩诚说，这也不一定。他曾经接待过一位40多岁的有钱人，他的新婚妻子是第二任，年轻漂亮，可以与一线女星媲美。然而，这位丈夫苦恼地对胡佩诚说："为什么我对年轻美貌的新婚妻子没有欲望呢？她这么漂亮，身材这么火辣，对我这么好，我怎么就不想跟她上床呢？"令人惊讶的是，当初和长相普通的原配一起生活时，他没有遇到这种问题。两个人的性生活正常，而且生了两个孩子。

胡佩诚发现，这个男人没有欲望的原因，其实很复杂。首先，他的工作压力很大。身为集团的领导者，任何一个错误决策都可能导致难以估量的损失，每天的日子像踩钢丝一样；而为了维持事业的辉煌，经营人脉关系，他几乎每天都要喝酒应酬，和各种人打交道，精神过度紧张。其次，是生理问题。男人的性欲高峰是18～30岁，女性是30～40岁。40多岁的他，身体正处于性欲的下降期。最后，也存在一定的感情因素。妻子虽然年轻漂亮，但是学历低，没工作，完全依附于他。当蜜月期过后，两个人之间的共同语言很少，感情沟通并不顺畅。胡佩诚建议他调整生活方式，增加夫妻之间的感情交流，并且多进行适当的体育锻炼。

经过一番调整后，这个男人的性问题终于解决了。

还有人认为，喜欢看 A 片的男人性欲强。胡佩诚说，这也不是绝对的。甚至有时候，因为看多了 A 片，可能会产生审美疲劳，面对异性，无法正常地产生性欲。胡佩诚曾经接待过一个男孩，他先后交了两个女朋友，可对她们都没有性欲。在咨询中，胡佩诚了解到，他从小学时就开始搜集 A 片。

胡佩诚说，在国内，由于性教育的缺失，青少年接触性的主要途径是 A 片。尤其是在网络兴起之后，出于好奇，越是大人不让看的东西，孩子就越是大量地搜索。然而，A 片对青少年的影响很不好。因为它的目的不是性教育，而是出于商业目的的性刺激。长期被过度刺激后，在接受正常的性刺激时，身体的感官就会迟钝了，很难兴奋起来。所以，虽然 A 片在西方国家是可以公开发行的，但是政府要求商家把这些东西封好，要么放在橱窗的角落，要么放在货架的高处，不让青少年看见。

也有人认为，男性步入老年，就没有欲望了。胡佩诚说，随着生活水平的提高，很多老年男性仍有欲望。然而，因为更年期和绝经，很多老年女性已经没有性欲望了。为了满足性欲，一些老年男性铤而走险找"小姐"。在 2014 年的某性学研讨会上，已经有学者报告，现在老年人患艾滋病的人数在增多。胡佩诚希望大家能够关注老年人的晚年生活，老年夫妻相互之间多一些理解。一方面，丈夫最好通过自慰来满足性欲，这样比较卫生和安全；

另一方面，妻子也可以爱抚丈夫，帮助其舒缓性压力。

　　胡佩诚认为，中国人尤其是青少年的性健康仍然处于较低的水平。因为性健康应该在生理、心理和社会三个层面处于完满的状态，是三位一体的。而在中国，一是性教育缺失，人们对性存在很多认知误区；二是不能用正常的态度对待性，要么避而不谈，要么把性与犯罪联系在一起，比如乱搞男女关系。他目前的努力目标，就是提高中国人的性健康意识，争取达到"性小康"水平。

营造夫妻的性温暖

　　胡佩诚一直提倡"性温暖"这个概念。一是家居设计上，要给性创造条件。除了最基本的，保持室内的温暖外，他还建议借鉴一些欧美的做法。比如，德国人是提倡适度分床的，这可以避免审美疲劳，增加新鲜感。所以，欧洲某些国家的床是电动的，可以分成两个小床，也可以合为一张大床。在美国等国家，在距离床一米左右的地方，都有单独的淋浴间，方便性生活前后洗浴，保持性卫生。而夫妻一起淋浴，也能增加亲密感，有效激发性欲。另外，卧室的灯光要可以调节的，昏暗的灯光更适合营造浪漫激情的气氛。

　　更重要的是，在感情上要保持交流，增加亲密，因为爱是性最好的催化剂，而性也是一种爱的表达。如果感情不好，性活动不一定会减少，因为有的夫妻会通过性来发泄生理欲望，或是通过性来实施暴力，宣泄内心对伴侣的仇恨等等。但是，感情不好，确实会在很大程度上影响性和谐，让性爱变得没有温度。

胡佩诚曾经接待过一对夫妻。丈夫是一位司法工作者，工作非常出色。妻子是一位女强人，不仅事业成功，而且在家里也表现得极为强势，千方百计地管丈夫。她要求丈夫把工资和奖金全部上交，而且要承担所有的家务活儿。她脾气很大，不讲道理，经常对丈夫说一些伤人的话，比如："你一年赚的钱，还不如我一个月赚的多！谁赚得多，就听谁的！"

蜜月期过后，两人就开始矛盾重重，感情越来越不好。渐渐地，丈夫对妻子的性欲越来越低。后来发展到，他宁愿自慰，也不愿意上妻子的床。妻子被迫过了长达八年的无性婚姻，非常痛苦，患上焦虑症。她唯一能略感安慰的是，丈夫的自制力很强，一直没有第三者。

在做单独咨询时，丈夫对妻子简直是怨气冲天，气愤地说："她为人处事的态度、性格、脾气，甚至是说话的语气，都让我忍无可忍，没法接受！我不愿意被她控制！我是她的男人，不是一条狗！"

胡佩诚从夫妻和谐的六个要素——强度、期望、责任、认同、包容、沟通去帮他们分析：六个方面所处的状态，有什么问题；他们在哪几个方面做得不好，哪些方面可能有所变化……一项项列出来之后，夫妻俩才惊讶地发现，在很多要素上，他们都做得不够好。比如，在"强度"方面，妻子的自我强度过强，让伴侣无法忍受；在"包容"方面，丈夫对妻子的包容度很差。之后，胡佩诚针对这对夫妻的具体情况，分别给两个人做了认知调整。最后，夫妻俩的自我都得到了成长，满意地离开了咨询室。

胡佩诚说，男性会没有性欲，或者出现性功能障碍，很大一部分原因是气氛没有准备好。如果丈夫恐惧、压抑、害怕、焦虑、憎恶，他就很难完成性的过程。最简单的一个心理：你看不起我，你不跟我亲近，我怎么跟你做？

在排除了生理和情感因素外，如果男性没有性欲，妻子可以为他做性感集中训练，先不做爱，而是用手、头发、羽毛去触摸丈夫的全身皮肤，刺激皮肤感官。这套方法就是性爱大师威廉·马斯特斯和弗吉尼亚·约翰逊一起发明的，效果很不错。如果女性没有性欲，可以看一些带有性色彩的小说或电影。

当然，想要让性温暖持久，还是要首先增加爱的温度。夫妻俩互相尊重、欣赏、信任、体贴，善于倾听和沟通，营造爱的氛围。最后记住，面对伴侣的请求，多说一声"yes"！

图书在版编目（CIP）数据

只想和你过好这一生 / 武志红等口述 ; 韩湘景主编
. — 北京 : 北京联合出版公司, 2020.11
 ISBN 978-7-5596-4573-9

Ⅰ. ①只… Ⅱ. ①武… ②韩… Ⅲ. ①心理学 – 通俗
读物 Ⅳ. ①B84-49

中国版本图书馆CIP数据核字(2020)第178612号

只想和你过好这一生

作　　者：武志红等口述　韩湘景主编
出 品 人：赵红仕
责任编辑：夏应鹏
封面设计：周延辉

北京联合出版公司出版
（北京市西城区德外大街 83 号楼 9 层　100088）
北京时代华语国际传媒股份有限公司发行
唐山富达印务有限公司印刷　新华书店经销
字数300千字　880毫米 × 1230毫米　1/32　7.5印张
2020年11月第1版　2020年11第1次印刷
ISBN 978-7-5596-4573-9
定价：49.80元